新时代中国仿真应用丛书

仿真与国民经济

（上）

蒋礴平　郭会明　何秋茹　著

国防工业出版社

·北京·

内 容 简 介

本书主要内容是介绍中国航天北京仿真中心多年来从事的国民经济领域重大科研和工程项目,而且所述的这些科研和工程项目,都取得成功并获得重大效益。例如,"南水北调""引黄入晋"工程都是举世闻名的我国国家级大型水利工程。仿真技术为这些工程的成功实施发挥了重要作用。"南水北调"工程仿真系统、"引黄入晋"工程全系统仿真系统和成都市水环境管理及决策仿真系统,都经高层领导和专家鉴定并给予了高度的评价。本书介绍了这些仿真工程,还介绍了仿真在高科技娱乐设备及其他方面应用的例子。

本书的目的是让读者真真切切地感受到仿真技术的价值和作用,从而提高广大读者对仿真技术重要性的认识,更进一步产生要努力推广应用仿真技术的紧迫感。

本书适合政府机构和企事业单位的决策者、管理人员和科技人员,也适合仿真领域的学者与研发工程师,以及对仿真技术感兴趣的各类读者参考阅读。

图书在版编目(CIP)数据

仿真与国民经济. 上/蒋鄩平,郭会明,何秋茹著
. —北京:国防工业出版社,2023.7
(新时代中国仿真应用丛书)
ISBN 978-7-118-12998-4

Ⅰ.①仿… Ⅱ.①蒋… ②郭… ③何… Ⅲ.①仿真-应用-中国经济-国民经济管理-研究 Ⅳ.①F123

中国国家版本馆 CIP 数据核字(2023)第 113943 号

※

国防工业出版社出版发行
(北京市海淀区紫竹院南路 23 号 邮政编码 100048)
天津嘉恒印务有限公司印刷
新华书店经售

*

开本 710×1000 1/16 印张 12¼ 字数 210 千字
2023 年 7 月第 1 版第 1 次印刷 印数 1—1500 册 定价 80.00 元

(本书如有印装错误,我社负责调换)

国防书店:(010)88540777 书店传真:(010)88540776
发行业务:(010)88540717 发行传真:(010)88540762

新时代中国仿真应用丛书
编委会

主　任：曹建国
副主任：王精业　毕长剑　蒋鐏平　游景玉
　　　　韩力群　吴连伟
委　员：丁刚毅　马　杰　王　沁　王乃东
　　　　王会霞　王家胜　王健红　申闫春
　　　　刘翠玲　邵峰晶　吴　杰　吴重光
　　　　李　华　郭会明　陈建华　邱晓刚
　　　　金伟新　张中英　张新邦　姚宏达
　　　　顾升高　贾利民　徐　挺　龚光红
　　　　曹建亭　董　泽　程芳真

序　言

"聪者听于无声,明者见于未形。"当前,"仿真技术"以其强大的牵引性、带动性、创新性,有力促进了虚拟现实、人工智能等大批前沿科技的发展。仿真领域已经成为国际竞争的新焦点、经济倍增的新引擎、军事斗争的新高地。

即将付梓的这套《新时代中国仿真应用丛书》,就为推动新时代的仿真领域发展进行了重要理论探索,可谓是应运而生、恰逢其时,有助于我们把握之先机,努力掌握仿真领域创新发展的主动权。

所谓"不畏浮云遮望眼",仿真的根本目的,就是要运用好信息技术革命的成果,来驱散经济社会复杂系统的迷雾,看清态势、明辨方向、掌控全局,实现预见未来、设计未来、赢得未来。这就像双方下棋一样,如果脑子里装着所有的棋谱和战法,就一定能快速反应、从容应对。以军事领域为例,美国从国防部到各军兵种,都有仿真建模的研究机构,比如,国防部建模仿真协调办公室(M&SCO)、海军建模与仿真办公室(NMSO)、空军建模与仿真局(AFAMS)等。美军在军事行动前,常对部队训练水平和战争进程,进行兵棋推演,推演时间、效果与实际作战往往能达到高度一致,为战争胜利发挥至关重要的作用。未来战场上,仿真要做到拥有各种先验的最佳路径、棋谱战法,能够根据敌人的兵力部署、可能的作战想定,迅速地给出最佳的应对策略,而且是算无遗策。

从更广领域看,当前的经济社会是个开放的复杂巨系统,其涉及因素众多、关系耦合交织、功能结构复杂,对仿真提出了更高要求。仿真绝不是对现实世界中单个要素的简单再现和拼盘,而是要以虚拟仿真的手段,做到集成和升华,像剥笋一样,一层又一层,实现"拨开云雾见晴天"的效果。这就需要我们充分利用各领域、各行业、各系统的先进技术与数据资源,运用系统工程思想、理论、方法、工具,做到集腋成裘,"集大成、得智慧"。

"千金之裘,非一狐之腋也"。《新时代中国仿真应用丛书》要编出水平、编出影响,离不开各方面的大力支持和悉心指导。在此,恳请各有关方面的专家,关注本丛书,汇聚起跨部门、跨行业、跨系统、跨地域的智慧和力量,让颠覆性的思想充分迸发,让变革性的观点广泛聚合,把本丛书打造成为仿真领域传世精品。

孙家栋:中国科学院院士,"共和国勋章"获得者。

前　言

众所周知，这些年来，我国一系列国之重器和重大工程的成功问世，使世界震惊！"墨子"号量子卫星升空、"天宫"空间实验室和"天舟"货运飞船对接、首艘国产航空母舰下水、歼-20第五代战斗机量产、运-20大型运输机正式入列、"蛟龙"号载人深潜器下海、港珠澳大桥竣工、中国高铁运营里程全球第一、中国超算问鼎全球……但很多人都不知道所有这些伟大的工程，当然也包括航天工程和各类武器装备研制，无一能离开仿真技术！就是说，所有这些伟大工程和产品，从研制到成功，再到运用，都必须要运用仿真技术。

作为长期从事仿真技术的科技人员，我们为我国仿真技术的迅猛发展，以及在这些领域应用取得的重大成就，感到欢欣鼓舞，也为之骄傲。另外，我们也深刻感受到仿真技术的应用发展还很不平衡。仿真技术只有在那些不得不用，不用就无法开展研制工作的领域或部门，例如航空航天、精确打击武器、核工业等，发展应用得最好。在一些国民经济领域，仿真技术应用也取得了重要成绩。而在很多可以用、应该用的领域，还没有推广应用。为此大家商定要编写一本书为仿真技术，我国的重大战略技术鸣锣开道。本书重点在于讲述在我国国民经济领域取得重要成果、产生重大价值的案例。目的是让读者真真切切地感受到仿真技术的价值，仿真技术的重要，从而提高对仿真技术重要性的认识，更进一步推广应用仿真技术。

人类社会越来越发展成为一个复杂的、可变的、整体的巨系统，靠传统的思维方式和原有的认识工具，已经很难认识复杂的、高耦合的社会巨系统，因此需要思维方式和认识工具的创新。思维方式的创新变革，需要认识理念、认识工具的创新变革。所需要的新的认识工具，就是集成的、系统化思维的、协同智能的、用现代科技装备构建起来的仿真系统。把仿真技术、网络经济、信息技术、人工智能技术和计算机技术结合在一起，将会有助于认识人类社会、认识复杂巨系统、指导重大工程和建立平行虚拟运行的大系统。

人们越来越认识到仿真技术的重要性,仿真技术的战略地位越来越重要。仿真技术是精确打击武器、航空航天、核武器研究和作战仿真不可缺少的工具;仿真技术是研究复杂系统最有效的手段;仿真技术是我国从大国走向强国,在各个方面都需要很好地利用的科学技术;很多关系到国家命运的经济及社会稳定的重大问题、生态环境问题等都需要仿真技术;世界各先进国家都十分重视对仿真技术的研究,并列入国家关键技术研究项目;仿真技术日益表现出巨大的军事、技术、社会和经济效益。仿真技术已经被认为是人类认识世界的第三种手段。我们要让仿真技术在我国实现两个一百年宏伟目标的伟大创举中发挥最大的作用。

本书主要集中介绍中国航天北京仿真中心和亚洲仿真控制系统工程公司在仿真核心关键技术开发和工程建设及仿真技术应用所进行并且取得重大成果和产生重大效益的案例。

这两个单位有一些共同的特点:

(1)都是应国家发展需要而创立,并开发中国自主知识产权,承担重要工程项目,为我们党和国家领导人关注最多,亲自视察的仿真技术研究单位;

(2)都是我国改革开放40周年的成果;

(3)在我国仿真技术、仿真工程研究的开发、创新和应用方面,均经历几十年的艰苦奋斗并且取得了实实在在的重要成果,产生了重大的军事、技术、社会和经济效益,在仿真技术领域具有代表性和典型性;

(4)都设有国家重点实验室和国家工程中心。

另外二者又有各自的特点,一个是位于首都北京,是中国航天所属单位;另一个是位于我国改革开放的最前沿的广东珠海特区,是多元经济成分的现代企业。

党中央高度重视仿真技术的发展和应用,提出要将航天仿真技术推广应用到国民经济各个领域,对仿真技术的发展具有重要战略意义。党和国家领导的重视和关怀,是我国仿真技术快速发展和应用的极其重要的原因。

仿真技术成功应用需要仿真技术专家与行业领域专家的密切配合,需要相关部门和企业的密切合作,并组建联合研制队伍。例如"南水北调"工程系统仿真任务是在国家计委的直接领导下开展的,航天系统和水利系统的领导及时组建了相关机构和研制队伍。北京仿真中心组织了优秀的研制队伍并仿照导弹武器研制的办法建立了设计师系统和任务指挥系统,水利部门分三个层次分别成立了"南水北调"仿真系统协调组、总体组和顾问组。很多著名专家参加了有关工作，共同建立北京仿真中心与水利部长江委员会、淮河委员会、黄河委员会以及其他有关单位的协作关系，及时解决各种矛盾和问题，从而保证了"南水北调"工程仿真任务得以正常进行，并按时完成。仿真计算和试验必须要有仿真专家的计算机应用、建模工具应用等技术能力，这是仿真研究的技术基础；而水利领域的历史数据、水利专家的经验和知识，又是水利专家几十年的积累和结晶。双方相互依靠，需要密切配合，才能最终完成系统仿真的任务。

本书第1章主要介绍仿真技术出现的背景，仿真技术在武器装备研制和国民经济领域中的各种应用场景，以及北京仿真中心独特的历史地位和重要贡献。第2章介绍"南水北调"工程仿真系统的研究目标、研究内容、总体架构以及解决的主要问题。第3章介绍"引黄入晋"全系统的仿真系统架构，水利学仿真模型、运行控制仿真模型以及三维视景仿真模型的设计、实现及仿真结论。第4章围绕成都市中心城区水环境管理及决策支持仿真系统，介绍项目的背景、历史数据采集、多种模型的分析与建立方法、仿真实验方法、仿真系统架构、仿真应用成果和推广价值等内容。第5章介绍突发事件管理仿真实验系统，重点围绕突发事件管理的现状、仿真技术的重要作用、仿真应用需求，借鉴国内外同行经验，制定突发事件管理辅助决策系统解决方案。第6章以北京仿真中心在高科技动感仿真娱乐设备方面的尝试和取得的成果为主体，重点介绍国内外娱乐仿真技术和产业的发展状况，娱乐仿真相关的技术，典型的娱乐仿真产品以及未来技术发展的趋势。

当前，国家在各个方面都需要很好地利用仿真技术。特别是很多关系到国家命运的经济及社会稳定的重大问题。例如，GDP的制定、贫富差距和社会稳定、生态环境、突发事件、重大投资的效果分析等；军事领域、新一代武器体系的装备研制，包括全生命周期；对战争的战略战术、攻防对抗研究；大系统工程论证、建设及建成后的运行管理，重大设备和系统的运行管理和培训（飞机、电站、舰船、载人飞船、交通）等；虚拟设计，高科技仿真娱乐设备。仿真技术有着极广泛的应用市场。

"永攀高峰"是聂荣臻元帅对北京仿真中心的题词。未来的科技工作者一定要在已有的科研基础上努力永攀高峰，再创辉煌。

本书很多内容选自北京仿真中心相关科研工作总结及有关科研报告。所以，从这个角度来讲，本书的作者是北京仿真中心的全体科技人员和职工。特别值得一提的是：在"南水北调"工程仿真系统、"引黄入晋"全系统仿真和成都市中心城区水环境管理及决策支持仿真系统等重大工程项目中，王东木总工程师、赖纯洁副总工程师、杨方廷博士和景韶光博士发挥了重大作用,做出了重大贡献。在本书运筹阶段,张盈研究员做了很多有价值的工作。景韶光博士参与了第4章的最终校核。

  本书的编写是在陈定昌院士的指导下进行的。陈定昌院士对整书的初稿进行了审阅并作了重要修正。仅以本书的出版悼念我们敬重的陈定昌院士。

作者

2023 年 1 月

目 录

第1章 概论 ……………………………………………………………… 1

1.1 概述 …………………………………………………………… 1
1.2 仿真原动力及其支撑技术 …………………………………… 1
1.2.1 仿真技术发展的原动力 ……………………………… 1
1.2.2 仿真实现的支撑技术 ………………………………… 2
1.3 仿真对武器装备的推动作用 ………………………………… 3
1.3.1 武器装备研制仿真 …………………………………… 3
1.3.2 武器装备发展论证仿真 ……………………………… 3
1.3.3 作战仿真 ……………………………………………… 3
1.3.4 武器装备使用训练仿真 ……………………………… 4
1.4 仿真对国民经济领域的推动作用 …………………………… 4
1.4.1 虚拟设备和虚拟制造仿真技术 ……………………… 4
1.4.2 大工程系统的实时监测和在线分析仿真技术 ……… 4
1.4.3 航天器飞行作业实时在线仿真技术 ………………… 5
1.4.4 工业过程管理调度仿真技术 ………………………… 5
1.4.5 决策辅助仿真技术 …………………………………… 6
1.4.6 技能学习和操作训练仿真技术 ……………………… 7
1.4.7 游乐行业仿真技术 …………………………………… 8
1.4.8 生命科学仿真技术 …………………………………… 8
1.4.9 生态环境建设仿真技术 ……………………………… 9
1.5 北京仿真中心的建立 ………………………………………… 9

第2章 "南水北调"工程仿真系统 ……………………………………… 13

2.1 概述 …………………………………………………………… 13

2.2 系统的研究内容和系统总体结构 ……………………………………… 16
2.2.1 系统的研究内容 ……………………………………… 16
2.2.2 系统的功能结构和技术要求 ……………………………………… 16
2.2.3 系统的构造和配置 ……………………………………… 17
2.3 各分系统研究内容和开发 ……………………………………… 18
2.3.1 水价分析仿真子系统 ……………………………………… 18
2.3.2 水质污染仿真子系统 ……………………………………… 20
2.3.3 水量调度仿真子系统 ……………………………………… 21
2.3.4 输水渠道仿真子系统 ……………………………………… 22
2.3.5 工程显示子系统 ……………………………………… 22
2.3.6 数据库及网络子系统 ……………………………………… 23
2.4 结论 ……………………………………… 25
2.5 "南水北调"工程系统仿真研究的几个问题 ……………………………………… 25
2.5.1 中线工程能否满足沿线用水需求的仿真研究 ……………………………………… 25
2.5.2 中线工程节制闸闸距仿真分析 ……………………………………… 28
2.5.3 汉江中下游水质仿真 ……………………………………… 28
2.5.4 汉江中下游温度湿度变化仿真 ……………………………………… 30
2.5.5 东线工程能否满足沿线用水需求的仿真研究 ……………………………………… 31
2.5.6 东线工程水质仿真 ……………………………………… 33

第3章 "引黄入晋"工程全系统仿真 ……………………………………… 41
3.1 概述 ……………………………………… 41
3.2 引黄工程全系统仿真模型的基本结构 ……………………………………… 43
3.3 计算机仿真平台 ……………………………………… 44
3.4 仿真模型的设计 ……………………………………… 45
3.4.1 数值计算子模块 ……………………………………… 45
3.4.2 仿真数据库 ……………………………………… 47
3.4.3 仿真系统的运行及同步 ……………………………………… 48
3.5 "引黄入晋"工程运行控制仿真模型 ……………………………………… 50
3.5.1 问题的提出 ……………………………………… 50
3.5.2 工程运行控制问题描述 ……………………………………… 50

3.5.3　工程运行控制特性分析 ·· 51
　　3.5.4　工程运行控制规律 ·· 52
　　3.5.5　工程控制系统仿真模块 ·· 55
　　3.5.6　典型工况仿真结论 ·· 56
3.6　"引黄入晋"工程三维视景仿真实现 ·· 57
　　3.6.1　设计目标 ·· 57
　　3.6.2　现实意义 ·· 57
　　3.6.3　系统实现 ·· 58
　　3.6.4　系统特点 ·· 65
　　3.6.5　结论 ·· 65

第4章　成都市中心城区水环境管理及决策支持仿真系统 ············· 66

4.1　概述 ·· 66
　　4.1.1　项目由来 ·· 67
　　4.1.2　目的及意义 ·· 67
　　4.1.3　主要研究内容 ·· 68
　　4.1.4　研究对象和范围 ·· 68
　　4.1.5　总体设计依据 ·· 69
　　4.1.6　实施方案 ·· 69
　　4.1.7　技术路线 ·· 70
　　4.1.8　项目的组织形式与结构 ·· 70
　　4.1.9　项目工作进度 ·· 70
　　4.1.10　项目成果 ·· 72
4.2　成都市水环境调查与研究 ·· 72
　　4.2.1　水系概况 ·· 72
　　4.2.2　水质目标及水体功能区划分 ·· 76
　　4.2.3　成都中心城区水污染源调查 ·· 77
　　4.2.4　成都市地表水水质现状 ·· 78
　　4.2.5　中心城区水环境综合整治规划内容及目标 ····················· 82
4.3　系统模型建立与建模方法 ·· 85
　　4.3.1　社会、经济发展模型 ·· 85

4.3.2　水污染源模型 ··· 86
　　4.3.3　水质预测模型 ··· 87
　　4.3.4　水环境容量模型 ··· 89
　　4.3.5　输入响应模型 ··· 89
　　4.3.6　参数估计 ··· 90
　　4.3.7　模型验证 ··· 91
4.4　仿真试验设计 ·· 91
　　4.4.1　仿真试验的内容和特征 ··· 91
　　4.4.2　仿真试验的技术原理 ··· 93
　　4.4.3　仿真试验的过程设计 ··· 94
4.5　系统软件架构和硬件配置 ·· 100
　　4.5.1　系统软件架构 ·· 100
　　4.5.2　主服务器的实现 ·· 103
　　4.5.3　数据库服务器的实现 ·· 104
　　4.5.4　模型计算软件的实现 ·· 109
　　4.5.5　可视化服务软件的实现 ·· 112
　　4.5.6　互联网信息服务软件的实现 ······································ 115
　　4.5.7　系统硬件配置 ·· 116
4.6　项目扩展与应用前景展望 ·· 117
　　4.6.1　项目进一步拓展的展望 ·· 117
　　4.6.2　项目在生态环境工程及管理上的应用前景 ·························· 118
　　4.6.3　项目在水资源管理上的应用前景 ·································· 119
　　4.6.4　项目在农业现代化上的应用前景 ·································· 119
　　4.6.5　项目在城市数字化上的应用前景 ·································· 120
4.7　小结 ··· 122

第5章　突发事件管理仿真试验系统框架 ·· 124

5.1　概述 ··· 124
5.2　仿真技术在突发事件管理中的应用现状 ······································ 125
　　5.2.1　灾情/灾害后果仿真 ··· 126
　　5.2.2　应急反应规划/辅助决策 ··· 127

  5.2.3 应急反应训练 ·· 128
  5.2.4 灾害辨识与检测 ·· 129
  5.2.5 仿真集成技术 ·· 129
  5.2.6 其他 ··· 129
 5.3 仿真技术在突发事件应急反应中的地位和作用分析 ······ 130
  5.3.1 应急准备 ·· 130
  5.3.2 事件通告与评估 ·· 130
  5.3.3 启动相应机制(部门与资源) ····························· 130
  5.3.4 请求国家应急反应专门管理机构的帮助 ················· 131
  5.3.5 防止 ··· 131
  5.3.6 实时应急反应 ·· 131
  5.3.7 恢复 ··· 131
  5.3.8 减轻事件后果 ·· 132
  5.3.9 解散 ··· 132
  5.3.10 补救 ·· 132
  5.3.11 事后报告 ··· 132
 5.4 突发事件管理仿真需求分析 ····························· 133
  5.4.1 突发事件应急预案评估和优化的仿真需求 ··············· 134
  5.4.2 指挥调度训练的需求 ··································· 134
  5.4.3 指挥调度辅助决策的需求 ······························ 135
 5.5 突发事件管理仿真试验系统框架 ······················· 135
  5.5.1 仿真应用系统结构 ····································· 136
  5.5.2 仿真系统与其他突发事件应急反应子系统
     的关系 ··· 137
  5.5.3 突发事件应急反应仿真试验环境 ······················· 139
  5.5.4 分布仿真试验管理系统 ································ 143

第6章 高科技动感仿真娱乐设备 ································ 148
 6.1 概述 ·· 148
 6.2 娱乐仿真的发展情况 ···································· 149
  6.2.1 娱乐仿真的起源 ······································· 149
  6.2.2 国外发展情况 ··· 149

	6.2.3	国内发展情况	150
	6.2.4	北京仿真中心的贡献	151
6.3	娱乐仿真技术		152
	6.3.1	影视技术	153
	6.3.2	动感仿真技术	159
	6.3.3	声效技术	163
	6.3.4	多维环境仿真技术	163
	6.3.5	仿真运行控制技术	164
6.4	典型产品案例		169
	6.4.1	仿真太空船	169
	6.4.2	时空穿梭机	170
	6.4.3	摩幻飞舟	171
	6.4.4	车载移动式设备	171
	6.4.5	平台式动感仿真设备	172
	6.4.6	"神舟号"飞船模拟器	173
	6.4.7	明斯克航空母舰科普基地	174
	6.4.8	VR动感展示器	174
6.5	发展展望		175

参考文献 ······ 179

第1章 概论

1.1 概　述

仿真技术是在20世纪中期以控制论、相似原理和计算机技术为基础,借助系统模型对真实的或假想的系统,进行实验研究的一门新兴的综合性系统技术。系统仿真具有安全、经济、可控、无破坏性、可多次重复等优点。仿真技术的这些优点就是仿真技术的强大生命力之所在,因此,仿真技术不仅在军事和高科技领域,而且在国民经济建设中得到广泛应用。世界各先进国家都十分重视对仿真技术的研究,并将其列为国家关键技术研究项目。仿真技术的迅速建立和发展,日益表现出巨大的军事、技术及经济效益,成为任何复杂系统不可缺少的研制、运行、评价和训练手段。

我国从"七五"开始也一直把仿真技术列为国防科技关键技术。

仿真技术是一门综合技术,具有多领域技术相互融合的性质。现代科学为它装备复杂的技术设施。良好的仿真技术环境是现代科学技术和国民经济的重要推动力量。

1.2 仿真原动力及其支撑技术

1.2.1 仿真技术发展的原动力

社会需求是仿真技术发展的原动力,促使仿真技术迅速发展的因素有:

1. 军事需求

在战争仍然是保护自己的重要手段的条件下,发展先进武器就是一个不可避免的需要。

各国军备发展的历史已经证明,自动化武器系统的开发研制离不开仿真。仿真可以用于武器、武器系统发展研制的全过程——从方案制订、技术设计、生产实现到产品性能检验、定型和作战应用训练,仿真都可以发挥重要作用。由于武器系统研发工作的特殊性:没有应用条件、不允许实验(如核武器)或实验风险大、代价很高(航天器、高能武器)等原因,仿真可以说是唯一安全、经济、有效的途径和手段。因此,人们常常在研制武器系统的同时,也并行开展仿真技术的研究和仿真设施的开发。

2. 国民经济需求

仿真技术最初是伴随自动化武器系统研制的需要发展起来,它的强大生命力造就了它对国民经济各领域不可抗拒的延伸。在它服务于军事科学的同时,被迅速推广应用到国民经济的各个领域,成为系统工程中的科学方法和有力工具。迅速地从化工、交通、能源延伸到环保、医疗、服务设计、娱乐等国民经济的各个领域,并取得巨大的效益,从而激发国民经济各领域对仿真更加强烈的需求。

3. 特殊需求

特殊需求主要指在思维科学、生命科学和经济决策管理科学中的应用需求,包括思维、逻辑推理过程仿真,设想和认识正确性检验仿真等。

利用虚拟现实(模拟现实)仿真技术,建筑师可以在建筑物尚未开工之前便漫游其中;医生可以在虚拟病人身上进行手术训练;人们甚至可以"身临其境"地在一个变化了空间与时间尺度的世界里去观察认识物质结构、天体运动,如此等等。仿真技术完美地实现形象思维和抽象思维的结合,从而使人们的认识能力产生一次新的飞跃。

仿真技术的发展源于军事需求。直到今天,军事需求都是仿真技术发展的主要推动力。同时,国民经济等其他领域需求的广泛性和多样性又为仿真技术的发展提供了更多的机会。仿真技术的优良特性和巨大效益使它成为人们特别关注、优先发展的一门科学技术。

1.2.2 仿真实现的支撑技术

需要加上可能才能变成现实,仿真技术的发展正是源于这种需求及其可实现性,源于有关支撑技术的发展。它们是:

(1) 系统建模的理论、方法及模型的校核、验证与认可(VVA)技术;

(2) 仿真计算机、仿真算法和仿真软件;

(3) 环境仿真技术；
(4) 人–机接口技术；
(5) 虚拟现实技术。

1.3 仿真对武器装备的推动作用

随着科学技术的飞速发展,系统仿真技术在经济建设中发挥着越来越重要的作用。仿真技术广泛应用于航空、航天、化工、能源、交通、气象、环保、医疗、娱乐、宏观经济管理与决策等领域,并取得了重要成果。因而引起了国家领导和政府有关部门的高度重视,被列为了国家高技术产业发展计划。

在国防和军事方面的应用,主要有以下 4 个方面：

▶ 1.3.1 武器装备研制仿真

国内外经验充分证明,系统仿真是武器装备研制不可缺少的支撑和保障技术。由于武器系统工作的特殊性——没有应用条件、不允许实验(如核武器)或风险大、代价很高等,仿真技术可以说是唯一安全、经济、有效的手段,特别是先进武器作战软件等的研制,没有系统仿真作为保障技术,是几乎无法进行的。因此,世界各先进国家,在研制武器系统的同时,先行开展仿真技术的研究和仿真设施的开发。仿真技术的应用贯穿于武器装备研制的全过程,可以达到节省经费、提高效能、保证质量和缩短研制周期的效果。仿真技术已经成为中国航天以及各种先进武器研制不可缺少的重要手段。

▶ 1.3.2 武器装备发展论证仿真

对武器装备的发展,要遵循"打什么仗用什么武器"的原则,发展什么武器来源于战场的需要。这种需求分析本身,由它所产生的对新武器的战术指标的拟定:武器研制可行性论证和演示验证、效费比分析、作战效能分析与评估等,用仿真技术进行研究是最佳手段。

▶ 1.3.3 作战仿真

打赢一场高技术局部战争,需要正确运用军事、政治、经济三大能力做出战略决策;正确利用我军装备、兵力和环境做出战役、战术决策。作战仿真是唯一高效、经济、安全、保密的高技术手段,能可靠地预测、推演、研究战争进程与效果。军委机关在为全军提供性能先进的主战武器装备的同时,充分发挥仿真技术优势,可为我军作战指挥、决策仿真提供先进仿真技术的支撑,为我军具备新时期军事斗争任务的威慑能力和实战能力,提供高技术手段。

1.3.4 武器装备使用训练仿真

使用训练仿真的作用是最明显不过的。未来战争的主战武器和"杀手锏"装备,是在复杂战场环境下进行体系对抗作战的高技术武器装备。熟练掌握高技术武器的灵活使用方法,所需的训练时间长,训练费用昂贵,即使是经济发达国家也难以承受。利用模拟器进行高技术武器装备的使用训练,不受气候、空域、外场保障等诸多条件的限制,不但节约经费、无风险,还能进行实战无法完成的特情处理训练。因此,新式武器的使用、训练仿真是军用仿真需求的重要方面之一。

1.4 仿真对国民经济领域的推动作用

仿真技术在国民经济其他领域中的应用将越来越广泛,它不仅是系统设计检验、产品性能研究的工具,而且还将更多地参与实际系统的控制和在线分析,成为决策的"参谋"、技能学习的"工具"、系统运行的"保护神"。

仿真技术在国民经济领域中的应用具体来说可包括以下方面:

1.4.1 虚拟设备和虚拟制造仿真技术

"虚拟现实"是仿真技术的一种特殊形式。

中国科学院原院长周光召在谈到"虚拟现实技术"时说,在信息科技中提出的虚拟现实,在人的参与下用计算机来模拟现实中发生的情况,将改变教育、训练、研究、设计、试制、实验的方式。信息网络并行工程将设计、试制、生产、销售一体化,设计出来的东西用虚拟现实,送到消费者面前加以选择和评价,然后改进和实现小批量、多品种的生产,这将大大缩短新产品上市的时间。这说明仿真将深入国民经济的各个领域。

可以预测,在新世纪里,重要新产品的开发,将遵循"先有虚拟样机,再出产品"的模式。虚拟设计和虚拟制造技术将成为"时尚"。

1.4.2 大工程系统的实时监测和在线分析仿真技术

在国民经济中,许多重大工程(如三峡工程、"南水北调"工程等)项目的失误都将是灾难性的,是不允许失败的。对于这类工程,预先应用仿真技术排除设计错误、优化设计、预示完成后的工程状况已经成为大家的共识。实际上,仿真在许多大工程系统的设计中已经或正在发挥重要作用。

例如,北京仿真中心研究人员为"万家寨引黄入晋工程"开发的《"引黄入晋"工程全系统运行计算机仿真系统》,在设计付诸实施之前就验证出它的可行性、可靠性和合理性,对优化工程的设计和确保工程的成功发挥重要作用。人们从这个系统的应用演示中认识到:该系统加以改进和扩充,将成为"万家寨引黄入晋工程"的"在线分析器"和"实时监控器",在工程系统未来的运行管理中继续发挥重要作用。这些作用包括故障分析和对策研究、运行经济性与合理性分析及其改进研究、状态预报和中长期预测等。这是仿真技术应用于国民经济主战场的典型例子之一,这个成果受到水利专家的高度赞赏。显然,仿真技术还可以应用到城市规划、交通管理等方面。

1.4.3 航天器飞行作业实时在线仿真技术

在航天器研制中广泛利用仿真技术是众所周知的。在航天器执行飞行任务中利用仿真分析故障、排除故障也有许多成功的先例。不过,在当时仿真是离线进行的,在通信信息高度发展的今天,这种仿真可以在线进行,即可以进行航天器飞行作业实时伴随仿真。

由于航天器极其重要,在航天器飞行试验中,进行飞行作业实时分析在线仿真是十分必要的。航天器飞行的作业实时在线仿真是一个涉及天地的广域大系统,现代通信技术为这种大系统的构成创造了条件。

方法是:在航天器从发射、进行飞行作业、到返回的全过程中,同时并行地进行地面仿真试验。通过实时接收航天器的飞行状态信息修改仿真试验状态,在线分析航天器的状态,使之与仿真系统尽可能的一致。以便利用仿真伴随系统:对航天器未来的状态进行预测,分析故障原因,研究故障对策并检验其有效性,辅助航天器控制系统的重构,甚至(取代)执行航天器控制系统的某些部分的控制任务。这既为飞行作业指导者的指挥提供决策依据,又为航天器的安全运行保驾护航。

1.4.4 工业过程管理调度仿真技术

在未来,工业过程的计算机化将普遍成为现实。仿真参与工业过程的运营管理将变得更加迫切,更加重要。

工业过程的管理调度要求是多种多样的。产品生产调度、电网调度和化工过程调度是三个有代表性的类型。我国在这方面的应用已经有了很好的成绩。产品生产调度主要解决产销关系、流程安排、材料供给、故障处理和人力调度等问题,以维护正常生产秩序和完成生产任务;电网调度主要面对用户变化的需求,确保电网的安全、经济、稳定运行;化工过程调度面对的是复杂的工艺流程、运行危险性和事故的灾难性,确保生产的自动、安全进行。

一般地,工艺流程越复杂、生产过程越危险、自动化程度越高,它对管理调度的"及时性"要求也越高,对建立与之相适应的管理调度辅助仿真系统的要求越迫切。

管理调度辅助仿真系统,包括分析、改进和生成三个过程,核心是专家系统。生产运营前,运行该系统,检验生产计划、调度策略和应急措施的正确性。生产运营中,通过对仿真结果和实际结果的比较,修改仿真模型,优化管理调度策略。如此反复,使生产运营始终处于最佳状态。

1.4.5 决策辅助仿真技术

1994年1月8日江泽民总书记在北京仿真中心视察(图1-1)时指出:"仿真技术可以在宏观领域发挥重要作用,应该坚持运用系统工程的方法研究经济社会发展中的重大问题。比如说,计划安排国民经济发展的速度为多少比较合适,这样的问题就可以研究。航天工业技术力量要为经济建设服务,希望能充分利用这套系统研究一些宏观问题和预测经济的发展。""有了这种预测,再加上实践经验的积累,我们在决策工作中的预见性就会更科学更正确一些。"曾培炎同志很快组织了专家组,开展有关的研究工作。

国民经济决策是研究合理的经济和社会发展目标,并对准备付诸实施的各种行动方案、发展规划、重大措施的效果和作用进行比较、分析和评价,从中做出合理可行的选择,以期优化地达到既定目标。但是,决策正确性的自然检验是非常缓慢的。在这里,仿真的优势在于它能加快"目标—行动—结果"的决策演化过程,也就是加快"理论—实践—再实践"深化认识、发现规律的过程,其好处是十分明显的。

通过几年的努力,系统工程方法和仿真技术已经应用到了人口预测与控制,宏观经济发展最优控制,国家财务补贴、价格和工资改革,农业政策定量分析,国家金融系统分析与控制,国民经济发展预测等领域的研究,为国家有关部门的决策提供了定量的参考依据。

图1-1　江泽民总书记在北京仿真中心视察

按照著名航天专家钱学森先生提出的"从定性到定量综合集成研讨厅体系"的思想，有关部门正在针对宏观经济的管理和决策问题，设计并建立综合集成现代科学理论和技术手段的，与宏观经济专家体系有机结合的高度智能化系统。这一系统的最终目标将实现能够在线决策的支持能力，具有定性分析、定量分析以及定性和定量相结合的分析能力，具有智能分析和逻辑推理能力，具有方案和政策仿真优化能力，其目的是使宏观经济决策支持及时、有效、精确。

1.4.6　技能学习和操作训练仿真技术

仿真训练的特点是：安全、经济，既能训练正常工况下的操作，也能培养处理各种事故的应变能力。可以说，训练仿真对培养处理灾难性事故能力的训练是唯一安全有效的。

在控制"硬操作"方面，如飞机驾驶、汽车驾驶、电站和化工控制操作、交通调度控制（火车、地铁等）的训练中，训练仿真器是用得最多的。近年来，由于"虚拟现实"技术提供的条件，医疗手术操作仿真训练，作为"尸体和动物解剖手术训练"的重要辅助手段，正在取得长足的发展。

在"软操作"方面，面对不断加快的工作节奏，瞬息变化的市场，以及时间价值的提高，一些基于仿真的"软操作"训练设备正处于迅速发展之中。已经崭露头角的有"股票和期货操纵训练仿真系统""竞技训练监测仿真系统""管理技能培训仿真系统"等。

随着信息技术和计算机技术的发展,仿真训练设备的功能和逼真度将大大改善,操作训练仿真技术将因此而获得更加普及的应用。

1.4.7 游乐行业仿真技术

随着世界经济的发展,物质文明和精神文明的提高,旅游业和游乐业得到了极其迅猛的发展。甚至有人断言,21 世纪旅游业和游乐业将成为世界的龙头产业。

仿真游艺设施和科普娱乐工程是 20 世纪 80 年代后半叶开始,90 年代飞速发展的潮流。近年来,计算机技术、多媒体技术、VR 技术的发展,为更刺激、更安全的高科技仿真游乐设备准备了技术手段。与传统的机械式游乐设备不同的是:高技术仿真游乐设备是融视觉、听觉、体感、参与行为于一身,集刺激性、趣味性和知识性于一体的现代科普娱乐设备,满足了当前人们的新奇、参与的娱乐心理,受到广泛的欢迎。仿真游戏的出现为游乐产业注入了新的活力,开辟了新的天地,正在迅速成为游乐业发展的新潮流。已经出现的高科技仿真设备有惊险漫游类,如"仿真太空船";竞技类,如"仿真高尔夫球""赛车""飞机格斗"等。涉及方方面面,内容十分丰富。

仿真游戏安全经济,具有无限的可实现性,是前途无量的。本书第 6 章主要介绍北京仿真中心在娱乐领域推广应用仿真技术的有关情况。

1.4.8 生命科学仿真技术

为了揭示生命的奥秘,仿真是一个有效的手段。

仿真系统的建立通常采用逐步逼近的方法。首先对生命系统作某种程度的简化,如认为在某种条件下系统是线性的、非时变的等,建立一个简化的、可操作的仿真系统;其次,进行各种仿真试验:机能反应仿真试验、病理分析仿真试验、药物效果(包括用药量大小及周期)仿真试验;最后通过效果的比较分析鉴别其与真实生命系统的相似程度,改进系统模型。如此反复,直至满意。

当一个有效的仿真系统建立之后,就可以利用它进行生命科学各种命题的研究,包括制订医疗方案、预测治疗效果等。

仿真在生物医学工程中的应用正在开发之中。人工神经网络理论及其信息处理过程仿真是科学家取得的重要成果;中国科技大学提出的"基于定性仿真方法的脑电波诊断模型研究"是国内在这方面的一个新努力。

仿真在"手术技能训练和手术执行辅助"上的应用是医学科学家关注的另

一个重要目标。

仿真技术涉足生命科学的时间虽然不长,但已经在医药、医疗诊断、手术、治疗等方面有了长足的发展。仿真技术在揭示"生命奥秘"科学活动中的独特利用初显端倪。

1.4.9 生态环境建设仿真技术

生态环境建设已经成为人类生存和持续发展头等重要大事。各国政府和老百姓都已经看到随着经济的高速发展,全球生态环境的破坏也日益严重,给可持续发展,甚至人类的生存造成极大的威胁,保护生态环境已经成为包括我国政府在内的各国政府和人民高度关注的问题。全世界都在强烈关注节能减排、低碳经济。

国家工业和信息化节能综合利用司司长说:"仿真技术在节能减排方面发挥着极其重要的作用,对国家可持续发展有重要意义。仅在水泥工业行业,在线仿真使每吨水泥节约 10～20 元,可减排 10%。全国水泥行业每年可增加利润 200 亿～400 亿元。我这里有 39 个行业要节能减排,都应该利用仿真技术"。

另外,生态环境工程将会形成巨大的产业,它将成为发展最为迅速,最具发展潜力的行业之一。同样,它也是非常复杂十分庞大的工程。所有重大工程如果失误都是灾难性的,是不允许失误的。而这类复杂大系统其决策正确性的自然检验非常缓慢,而且一旦开始,其过程很难逆转和改变。仿真的优势在于人们可以在一个变化了尺度的环境中去研究系统,从而可以对各种决策效果和作用进行比较,做出合理正确选择。

仿真技术在生态环境工程方面可以发挥重要作用:在总体规划和决策中发挥重要的辅助作用,可以使规划和决策更科学更有效,避免一些重大的失误和损失;在系统设计中发挥重要作用;在系统运行管理中发挥重要辅助作用。

1.5 北京仿真中心的建立

信息技术和计算机技术的迅猛发展,给仿真技术的发展带来了新的活力,推动了仿真技术在国民经济中应用的新发展。仿真已经不再是实验室的活动,它已经进入产品之中,或正在成为产品,仿真技术已经开始实际上的产业化。

我国仿真技术的研究应用起步于 20 世纪 60 年代末,发展却一直比较缓慢。随着国家对航天导弹武器日益增长的迫切需求,建立高水平、多功能的大型仿真中心成了刻不容缓的问题。党的十一届三中全会做出了实行改革开放的战略决策。在同年开展的全国科学大会上,邓小平同志提出"科学技术是第一生产力"的思想,科学的春天到来了。这为我国仿真技术的发展和应用提供了历史性机遇。

正是在这种背景下,为了适应我国航天技术和导弹事业迅猛发展的急切需要,1984年,航天部的科学家们,经过充分认证,正式向国家提出建议,建立中国航天北京仿真中心。1984年9月国家计划委员会、国防科学技术工业委员会正式批准了仿真中心任务书,并强调指出仿真中心工程是发展航天技术极为需要的手段,是新一代武器研制的实验手段,并正式列入"七五"国家重点工程。我国政府决心集中资金、人才和物力建设"北京仿真中心"。

这是我国政府的英明决策。经过8年艰苦努力,一个崭新的中国和亚洲地区规模最大、技术最先进的仿真中心在中国航天神箭之园矗立起来了。

1993年1月至4月,北京仿真中心先后通过了科学技术部分和全面验收,国家验收委员会认为,北京仿真中心是世界上规模最大的仿真中心群体之一,总体性能达到当代世界先进水平。

北京仿真中心有三个鲜明的特点:

(1)集弹道导弹、运载火箭和各种防空导弹为一体,是当时世界上规模最大技术最先进的仿真集合体之一。

(2)总体技术和重要指标具有世界先进水平。在国家高度重视和各级领导的正确领导下,集中了一批优秀的科技人才,利用国内外一切可以利用的先进设备和先进技术,是站在巨人肩上上去的。更重要的是充分的自力更生和自主创新的精神。得到了国家科技进步一等奖。

(3)边建边用,支撑了我国新一代武器的研制。仿真中心的建成创造了与新一代运载火箭和弹道武器相应的研制手段,使我国导弹武器研制手段发生了更新换代的变化。

北京仿真中心的建成和运行已经产生并将继续发挥十分重大的效益。成为我国新一代武器装备不可缺少的工具。对保证研制质量,节约研制经费和缩短研制周期起了极重要的作用。还有力地带动了国内相关仿真设备的研制和生产,例如液压马达、高精度高动态性能三轴转台、高性能屏蔽暗室、仿真计算机和软件设备等,所有这些都是非常明显的。

北京仿真中心最大的效益还在于它在全国的巨大影响。在一个相当长的时期,它是我国仿真技术领域名副其实的领头羊。是我国仿真领域优秀的榜样。

当时仿真中心在国内一枝独秀,这些年来,随着需求的发展,经济和科学的发展,大批高水平的仿真实验室在各行各业建成并广泛应用。可以说,这些实验室或多或少与北京仿真中心都有一定的关系,北京仿真中心是重要的参照依据。北京仿真中心对中国系统仿真技术的发展起到了重大的推动和促进作用,它是中国系统仿真技术的一个重要的里程碑。

之所以能产生这么巨大的影响,除了它本身的高水平外,十分重要的原因是党中央及上级领导的重视,特别是党和国家最高领导的关注。党和国家最高领导、军委及各军兵种及各部委、地方政府、企业界和院校的领导、专家都曾来视察和指导工作。中央党校、国防大学还将北京仿真中心作为教学点每年组织高级班学员来学习。把参观北京仿真中心作为学员培训的一个固定教学课程。兄弟单位的同行和专家互相交流则更普遍。北京仿真中心得到了广泛高度的赞扬,产生了巨大的影响。

北京仿真中心还成为重要的对外交流窗口,仅1992年至1994年两年多时间,先后有20多个国家和地区的数千人到仿真中心参观、访问和交流。

来访的人来自美国、日本、加拿大、俄罗斯、德国、意大利、乌克兰、荷兰、西班牙、法国、印度、巴基斯坦、泰国、韩国、叙利亚、南非、伊朗、伊拉克、澳大利亚等国家,还有我国香港和台湾地区。来访人员中有总统、总理以及政府、军界、金融界、企业界、文化教育界、社会团体的领导人、专家和有关人士。参观后反响十分强烈,普遍给予了高度赞赏。

苏联部长会议第一副主席别洛乌索夫率庞大代表团在军委副主席刘华清陪同下参观后即席讲话:第一,高度赞赏中国政府领导人决策英明;第二,高度赞赏中国科技人员了不起,认为中国仿真技术达到了世界科技高峰。

美国休斯公司副总裁A·麦克法兰德说,北京仿真中心的红外实验室比他们的更紧凑,射频实验室做到了毫米波,微波兼容很有特色,希望能进一步合作。

俄罗斯火炬集团导弹总设计师雅尔特洛夫参观后,表现出一种失落感。他对陈定昌院士说,红外和射频仿真实验室的水平领先了他们5~10年。

美国、加拿大、日本和欧洲仿真学会主席是一同来访的,他们对北京仿真中心的硬件系统和软件系统都给予了很高的评价。

在对外合作谈判中,某国某集团某项目的报价为××××万美元,开始时一点不让步,在参观北京仿真中心及中国航天科工二院有关设施后,主动减价××××万美元。

香港社会团体和人员参观后反映之热烈也出乎意料。他们说从前听到的大多是我们国家落后,没想到我们有这么好的实验室,为我们的国家感到骄傲和自豪。

香港工会主席回港后写文说,"通过这次交流活动,团员实在眼界大开,获益良多。"

北京仿真中心(图1-2)主要用于新一代导弹武器和运载火箭的系统数学仿真和半实物仿真,适用于各类导弹和卫星运载工具。包括战术运用仿真、姿态控制仿真、制导系统仿真、攻防对抗仿真等。

图1-2　北京仿真中心大楼

北京仿真中心是我国"七五"期间国家重点工程、国家级重点实验室。它是航天仿真技术研究中心、仿真试验中心、与国内外仿真技术交流中心。它是当时建成的世界上规模最大、技术最先进的仿真工程集合体之一。

北京仿真中心是由国家计划委员会和国防科学技术工业委员会批准兴建的。它的建成标志着我国仿真技术已跻身于世界先进行列,是继正负电子对撞机之后,我国科学技术方面又一令世人瞩目的重大成就。

第2章 "南水北调"工程仿真系统

2.1 概　述

"南水北调"是我国最大的,也是最重要的水资源调配工程,是我国重大战略基础建设,是我国 21 世纪持续发展的有效保证,关系到国家的长治久安和子孙后代的长远利益。

"南水北调"工程分为东线、中线和西线。国家实施的是东线和中线工程,如图 2-1 所示。

东线工程是在江苏省"南水北调"工程基础上扩大规模和向北延伸,从长江下游扬州附近抽引长江水,基本沿京杭大运河及与其平行的河道为输水主干线和分干线逐级提水北送。输水主干线长 1150km,东线工程可主要解决黄淮海平原东部和山东半岛的缺水状况。中线工程从长江上的丹江口水库引水,沿黄淮海平原西部边缘开挖渠道。穿过黄河后,沿京广铁路西侧北上,自流到北京、天津,输水总干渠全长 1246km,中线工程主要向唐白河流域、淮河中上游和海河流域的西部平原的湖北、河南、河北、北京及天津五省市供水,重点解决沿线 20 座大中城市的缺水问题,并兼顾沿线生态环境和农业用水。

国内外经验表明,运用系统科学的理论和方法进行系统的仿真研究和试验,对于这种对国计民生有重大影响、规模宏大、内容复杂的工程建设项目;对于科学决策,保护投资安全;对于保证工程顺利开展以及最大限度地发挥工程效益和降低工程负面影响,都具有极其重要的意义。

国务院领导同志指出:"南水北调"工程浩大,涉及面广,任务艰巨,对可能遇到的困难要有充分估计。工程方案需要更加深入细微的研究论证,并要继续听取各个方向专家和社会各界的意见,以做出科学决策。

国家计划委员会及时地把这一工程的仿真系统建设任务交给了中国航天北京仿真中心。北京仿真中心全体人员感到无上光荣,责任重大,同时压力极大。中国航天科工集团总经理、党组书记指示仿真中心领导要高度重视这一任务,"一定要搞好仿真,为国家作大贡献"。水利部部长指示有关部门全力配合共同出色地完成此项仿真任务。

(a) "南水北调"工程图

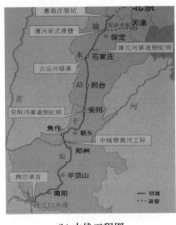

(b) 中线工程图

(c) 东线工程图

图 2-1 "南水北调"工程示意图

航天和水利两个部门及时建立相关机构,组建研制队伍,并采取了一系列强有力的措施。

(1) 成立了以航天科工集团领导为首的有关司局长及科技委领导为成员的

大型工程仿真领导小组,使工程的领导具有很高的权威性。

(2)把"南水北调"工程仿真系统建设确定为中国航天科工集团全年十大工作之一。

(3)仿真中心党委组织了最优秀的研制队伍,并仿照导弹武器研制的办法建立了设计师系统和指挥系统。

(4)水利部分分三个层次分别成立了"南水北调"仿真系统协调组、总体组和顾问组。协调组:由水利部有关司局和航天科工集团北京仿真中心领导组成,负责掌握课题研究和部门之间协调。顾问组:聘请资深院士、专家对课题的技术路线、成果进行咨询。顾问组包括潘家铮、沈国舫、孙鸿烈、徐乾清、郭桂蓉 5 名资深院士以及李京文、汪致远、陈定昌、殷兴良、于景元、高安泽、陈志恺、朱承巾、姚榜义、何李俅、刘国沛等著名专家。总体组由参加单位的主要技术负责人组成,负责处理协调课题的技术问题和最后成果的集成。

(5)建立了仿真中心与水利部长委、淮委、海委及其他有关单位的协作关系,及时解决各种矛盾和困难,从而保证了"南水北调"工程系统仿真任务得以正常进行并按时完成。

"南水北调"工程仿真系统研制取得成功,最重要的条件之一就是水利部的密切配合。仿真计算和试验必须要有数据,而这些数据是水利部几十年的积累和结晶,是仿真研究的基础。另外,水利专家的经验、技术和知识也是仿真专家必须依靠的。所以水利专家和仿真专家的配合和两个部门系统的配合都极其重要。这一工程是水利专家和航天仿真专家亲密合作的成果,是全国大协作的成果。

"南水北调"工程仿真系统的任务,主要是通过建立"南水北调工程仿真系统"来为工程的决策提供支持,同时验证主要规划结论,一期工程在 2001 年 9 月完成。为了进一步开展工作,分析决策中主要的问题,经过同国家计划委员会有关部门人员的讨论,认为"南水北调工程仿真系统二期"的工作重点应是东线的污染分析,中线水量问题,东中两线的水价制定,以及便于观察和认识工程的三维场景与电子沙盘显示系统。

在"南水北调工程仿真系统"工作中,中国航天北京仿真中心工作的主导思想是要建设一个能够为国家决策部门所掌握和使用的仿真系统平台,支持以上所提出的目前决策部门在"南水北调"工程中重点关心的问题分析,使决策部门由主要依靠定性分析,到可以利用这一仿真技术科学方法给出定量分析结果,将定性与定量结合起来,使"南水北调"工程建设的决策更加合理和有效。

2.2 系统的研究内容和系统总体结构

2.2.1 系统的研究内容

在"南水北调"工程仿真系统项目的研究和开发工作中,根据同计划委员会有关部门的协商确定主要在污染分析、水量调度、水价制定、输水能力,以及便于观察和认识整个工程的三维场景与电子沙盘显示系统等五个方面进行仿真系统的研究和开发。同时建立该仿真系统的目的还在于为"南水北调"工程决策提供方便实用的科学分析工具和仿真平台,为国家工程的决策提供技术支持。因此,在继承和总结前期工作的基础上,在"南水北调"工程仿真系统的开发中,确定了进行以下内容的工作:

(1)水质污染分析系统的研究与开发;
(2)水量调度分析系统的研究与开发;
(3)输水渠道分析系统的研究与开发;
(4)水价分析系统的研究与开发;
(5)地理信息系统(GIS)的研究与开发;
(6)电子沙盘系统的研究与开发;
(7)视景系统的研究与开发;
(8)数据库及网络系统的研究与开发。

2.2.2 系统的功能结构和技术要求

根据以上仿真系统的开发内容和要求确定了该系统的功能结构,如图2-2所示。

这一仿真系统总体功能结构的建立,主要考虑到"南水北调"工程仿真系统是一个多任务的系统,而每个任务既相对独立,但又相互联系。因此,将该系统确定为具有分布式功能系统结构,做到集中与独立相统一。该系统按其仿真作用来分,主要分为三大部分:仿真模型、系统显示和数据库。仿真模型部分包含图2-2所示的上半部四个部分,主要进行仿真计算和分析工作任务;系统显示包含图2-2所示的下半部三个部分,主要进行仿真结果的显示和整个"南水北调"工程的虚拟显示;数据库是整个仿真系统的数据交换和存储中心,支持分布式系统的工作完成。系统通过网络将各仿真工作单元连接起来,组成具有分布式仿真工作能力的系统,该系统还可以方便地按照需要增加仿真分析单元。此外,该仿真系统的各个工作单元还具有独立工作的能力,可以相对独立地进行仿真分析或显示。

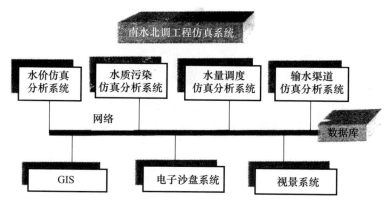

图2-2 "南水北调"工程仿真系统功能结构图

按照系统总的功能要求以及系统研究的目的和内容,该仿真系统的主要技术要求为:

(1)建立能够满足宏观决策方面需要的仿真模型和系统;
(2)具有分布式工作能力,可方便地增加仿真分析工作单元;
(3)满足污染分析、水量调度、水价制定以及便于观察和认识整个工程的三维场景与电子沙盘显示系统的仿真分析要求;
(4)具有使用方便和美观的仿真分析软件界面;
(5)仿真分析软件可在目前主要计算机系统上运行,为使用者提供方便。

2.2.3 系统的构造和配置

根据仿真系统性能的需要,通过分析和研究,在"南水北调"仿真系统开发中,确定和构造工程仿真图,如图2-3所示。

由图2-3所示的系统构造图可以看出,这一仿真系统主要由数据库服务器、网络交换机、进行仿真分析和计算的PC机群和用于显示的投影设备组成。

在系统软件配置方面,计算机操作系统采用Windows 2000P/S系统,仿真模型部分的开发语言为JAVA语言。JAVA是在充分吸取了C/C++语言的基础之上由SUN公司在1995年正式推出的语言,它是具有良好的网络、跨平台和安全能力的计算机语言,并且语言简洁明快、使用方便,其特点符合当前计算机应用发展的要求。在开发"南水北调"仿真系统的仿真分析软件时,考虑到应使该仿真系统最大限度地满足用户的需要和使用方便;同时考虑到系统将来进一步发展并符合当今计算机网络化和通用性趋势的要求。因此,确定 JAVA 语言为仿真模型部分的开发语言。

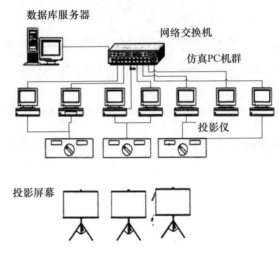

图 2-3 "南水北调"工程仿真系统构造图

"南水北调"工程仿真系统主要由 8 台高性能的计算机(其中包含一台专用图形处理计算机)、3 台显示器以及系统所需的软件等组成。该系统的构造和配置具有使用和维护方便、通用性强和分布式的工作能力,符合当前计算机发展趋势的要求以及良好的可扩展性。

2.3 各分系统研究内容和开发

按照系统的总体要求,进行了以下 6 个子系统的开发和研究。在各分系统仿真软件开发中,确定软件的基本功能模块结构如图 2-4 所示。

▶ 2.3.1 水价分析仿真子系统

水价分析是"南水北调"仿真系统工作中一个重点研究的问题,研究任务的目的是如何能处理好投资、水价、水量、效益的关系,制定合理的水价提价政策,研究水价制定规律,为决策部门提供科学的理论依据,使水价制定更为合理。按照系统仿真方法,研究中东线工程调水后水价上调的直接及次生效应,进而导出分阶段水价的制定原则和策略,从而预演水价上调对国民经济的影响。

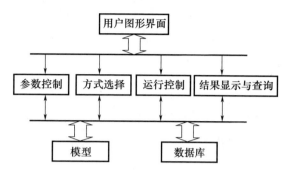

图2-4 "南水北调"工程仿真系统各分系统模块结构图

水价分析仿真模型的建立,主要是根据系统的研究内容和目的以及系统本身的复杂性,采用系统工程的建模思想,并且以公认比较成熟的理论和方法为基础建立起一模型组。本模型以水价基本理论、投入产出分析和最优控制理论为基础,配合这两个主模型的是一些子模型块,如水需求量弹性计算模块、水资源价值评价模块等,以此构成一模型组。将该模型组看成一个系统,以水价作为系统的输入,来进行系统的模拟仿真,进而求出最优的水价策略,其模型框如图2-5所示。

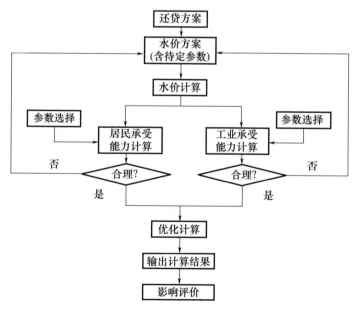

图2-5 "南水北调"工程仿真系统水价模型框图

在水价仿真分析平台上可以模拟多种不同的还贷方式和经济条件下的水价分析和计算。它目前是以省份为单位进行,可对设定的各种具体还贷方式下的参数进行选择,其中包括还贷年限、还贷比例、水成本增长指数等,进行完参数选择以后,点击计算按钮就可以看见具体的水价和数量序列,同时还可以进行工业水价和居民水价的承受能力分析。

2.3.2 水质污染仿真子系统

"南水北调"工程水质仿真系统包括东线工程水质仿真系统和中线工程水质仿真系统。

2.3.2.1 东线工程水质分析

本系统采用仿真的技术和手段,对"南水北调"东线(黄河以南段)治污规划的部分主要内容进行仿真验证。"南水北调"东线工程水质仿真系统研制、开发的主要目的是,构建一个水质仿真平台,用于分析"南水北调"东线工程(黄河以南段)治污规划的部分主要内容。根据"南水北调"沿线河道和调水时的水流特征,水质仿真模型宜选取零维水质模型和一维降解模型。对于水流较缓的湖泊,水质用零维水质模型模拟;而对于水体流动明显的河道则用一维模型模拟。系统通过用户图形界面列出了仿真计算所需的所有参数,并对每个工程分期提供了一套默认参数,用户可以按照不同的仿真目标修改参数,并可将其保存到数据库以备查询。用户还可以通过用户图形界面对当前仿真结果以及历史仿真结果进行查询、显示。在仿真系统中提供了零维和一维两个水质模型,用于进行湖泊和河道的水质仿真计算,并提供了河网计算模型,可以对包含河道和湖泊的河网进行水质仿真计算。

2.3.2.2 中线工程水质分析系统

中线水质与污染控制仿真分析系统开发的目的就是建立仿真平台,利用该仿真平台可进行不同方案下汉江中下游的水质状况分析,进行多种仿真拉偏试验,预演了不同设计方案的效果。根据汉江中下游的河道和目前的参数情况,数学模型采用 QUSL–IIm 水质预测模型;水污染控制模型利用最优线性理论建立排污口最优化模型。本系统能够进行多模型选择计算;增减污染源,修改污染负荷量及各河段的参数来进行仿真试验;具有结果输出多样性,从不同方面对结果进行可视化分析;可以进行常数拉偏及随机数拉偏仿真试验;同时,可对汉江中下游进行水污染控制最优化研究。

2.3.3 水量调度仿真子系统

"南水北调"工程中线不同于东线工程直接从长江取水,调水量十分有限。这主要是由中线的水源地丹江口水库的库容有限以及汉江水量的关系所决定。因此,中线的调水量是"南水北调"工程中另一个人们普遍关心的问题。

鉴于本次仿真工作只是为宏观决策提供参考方案,故将供水区内具有水力联系的当地水库和供水片区、总干渠分水口门及分水支渠合并成一个相互独立的供水调配子系统,同时将子系统内众多分水口门合并成一个虚拟总干渠分水口门。考虑到"南水北调"工程建成后新的管理方式(按水权),我们将整个供水区划分为19个大的供水调蓄片区:南阳、平顶山、周口、漯河、许昌、郑州、焦作、新乡、濮阳、鹤壁、安阳、邯郸、邢台、石家庄、衡水、保定、廊坊、天津和北京,如图2-6所示。

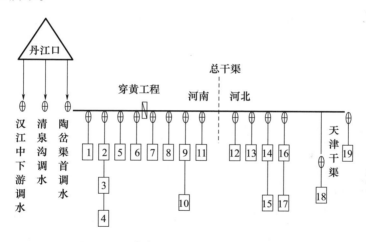

图2-6 "南水北调"工程调度系统概化图

由于中线工程调水并不能完全满足北方受水区的规划需水要求,是"以供定需"的系统,因此,采用结构化的建模思想将整个系统化分为两个大的模块:丹江口水库可调水量模块和中线工程受水区水量调度模块。所建立的中线调度系统具有反馈回路,使整个调水系统形成一个具有自我调节功能的闭环系统。当水库来水量随时间变化时,通过调节下泄流量和北调水量使水库水位的变化在控制范围之内,保证整个系统长期、稳定地运行。同时,当用户需水发生变化时,也可以通过系统的调节功能,合理地分配水资源,从而使水资源得到有效的利用。中线调度仿真系统针对"南水北调"中线工程的特点,应用系统仿真理论和面向对象的建模方法,建立了"南水北调"中线工程仿真模型,开发出系统仿真平台,可以进行系列模拟计算、拉偏计算、组合计算等调水仿真分析。

2.3.4 输水渠道仿真子系统

"南水北调"中线计划采用修建长达 1000 多千米的输水渠道,来进行从丹江口水库引水到各用户地区。由于用水灵活性等各方面的要求,对渠道系统的要求正变得越来越复杂。因此需要渠道系统对水流变化能作出迅速的响应,从而保证工程的顺利和安全运行。所建立的渠道仿真的目的是预演渠道调度运行的输水过程,验证渠道的供水能力和安全性,同时还可以进行渠道节制闸间距和其他重要参数的分析。同时为渠道的运行控制提供分析参数和计算基础。数学模型采用一维明渠非恒定流的圣维南(Saint – Venant)方程组,用 Preismann 四点加权隐格式进行差分求解。本子系统由于具有参数可调和模块化开发的特点,同时对类似的渠道系统也具有很强的适应性,只需要对原始数据进行技术归档,对重要参数进行适当修改或添加,就可以方便地分析其他的输水渠道系统,具有可重用性和可扩展性的独特优势。

2.3.5 工程显示子系统

"南水北调"工程系统仿真显示子系统的作用是为了配合"南水北调"工程系统仿真水利学仿真结果的输出和直观地观察"南水北调"工程的概貌。该显示系统将给决策者在"南水北调"工程的论证中提供一个快速、准确、直观的推断,为他们提供科学的依据,更好地为"南水北调"工程服务。

"南水北调"仿真系统的显示系统包括二维 GIS 显示系统、三维场景显示系统和电子沙盘三部分。二维 GIS 显示系统完成仿真的控制管理、基础信息的查询与统计、仿真结果的动态显示等功能;三维场景显示系统主要表现水利工程概况、仿真结果三维表现等,三维场景显示系统既可以单独运行(选择视点、控制漫游路径等),又可以由二维显示系统远程控制(选择视点、选择场景等),三维场景显示子系统主要表现调水工程的虚拟场景,包括自然景观和水工建筑,并动态接收与场景相关的仿真结果(如节制闸开度、库渠水位等);电子沙盘能够从整体上观察整个工程的概貌、典型水利工程建筑场景,可以细致表现其结构及布置的结构特点等。因此建立这三个显示系统的连接非常重要。从以上三个显示系统的功能来看,GIS 处在服务器的位置,而三维场景和电子沙盘处在客户端的位置,采用当前最通用的网络连接 TCP/IP 协议进行网络连接,三个显示子系统连接关系如图 2-7 所示。

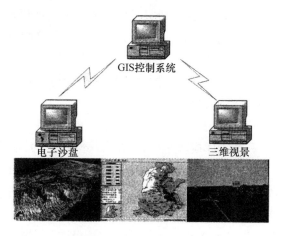

图 2-7 各子系统连接关系图

"南水北调"工程系统仿真 GIS 系统的开发采用可视化软件 Delphi 为前端开发工具,后端开发平台可选用 TopMap ActiveX GIS 软件,数据库则选用 Sybase Adaptive Serverl 2.0。

电子沙盘系统所应用的数据主要是卫星遥感影像与 DEM 数据及各种矢量数据。利用 ArcView 进行数据的编辑、加工等处理,然后利用 3D 分析模块的核心应用——ArcScene,将影像和矢量数据贴在一个 DEM 表面上生成现实的三维影像效果,构成透视观察场景。

三维视景系统涉及大型场景的建模和驱动,所用到的方法和工具比较多。在建模方面先使用 ArcView GIS 对文化特征矢量数据进行处理,然后将处理的结果和 DEM 数据一起送到 Terrex 中,生成大型的地形地貌场景(.flt 文件),然后使用 MultiGen 对模型文件(.flt)进行处理,加入一些物体(树、泵站、标识牌等)。Photoshop 在其中起到辅助的作用,用来处理纹理。在驱动程序方面,使用 VC 和 OpenGVS 结合进行程序设计,来实现场景驱动的功能。

2.3.6 数据库及网络子系统

由于"南水北调"工程仿真系统是一个大型仿真系统,该系统由若干子模块构成,数据库管理与网络配置子系统是整个仿真系统的管理与调度中心,是各个功能模块运行的基础。空间数据库用于存储和管理地图信息,是 GIS 的重要组成部分。在数据处理系统中，它既是资料的提供者，也可以是处理结果的归宿处；在检索和输出过程中，它是形成绘图文件或各类地理数据的数据源。然而，地理与地图数据以其惊人的数据量与空间相关的复杂性使得数据库设计在系统开发中占据了非常重要的位置，数据库设计的好坏将直接影响整个系统的运行效率。利用数据库技术及文档管理技术，在网络系统中管理所有的文档和数据，并保证系统所需要数据的实时存取，同时以数据驱动机制对系统的仿真运行以及结果文件的输出进行设置和管理。

该子系统由数据库服务器、数据传输系统和网络通信控制部分构成。"南水北调"工程仿真工程数据库模块采用 SYBASE 分布式数据库系统，目前共建有数据库 9 个，用户表 200 多个，占用空间约 8GB，主要功能是对水力学、水质、调度子模块产生的数据进行存取及维护，保证二维 GIS 处理系统的顺利运行。数据库模式采用文件数据库混合方式，即空间数据存贮在文件系统中，而属性数据存贮在商业数据库 Sybase SQL Server 中，其结构如图 2-8 所示。

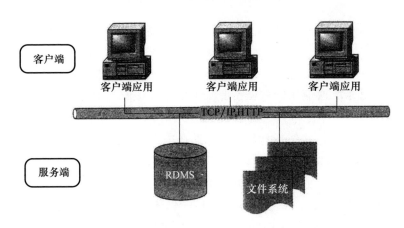

图 2-8　数据库服务器及网络通信构成图

同时，为了提高客户端的计算速度，增强各个计算模块功能操作的灵活性，使之既可以单机运行也可以依靠网络运行。除在 SYBASE 数据库声明存储外，这些档案数据同时也在客户端以 Access 本地数据库的形式保存一份副本。这样，整个系统在运行时，万一网络发生故障，除通信功能受阻外，其余基于计算和分析的模块可以临时连接上本地数据库继续运行。

由于各子模块在仿真时需要处理的数据量很大，存储频繁，且相互之间联系紧密，需要相互传送信息，并且传送的数据量比较大。故本系统需要一个高速的网络系统支持,才能顺利运行和实时仿真。"南水北调"工程仿真系统网络结构采用客户机/服务器模式,以 TCP/IP、HTTP 协议为基础,同时借助 SYBASE 分布式数据库系统的能力,建立起网络数据库支撑平台,能够满足系统具有分布式工作性能的要求。

2.4 结 论

在"南水北调"工程仿真系统开发和研究中,建立起了能够满足东线污染分析,中线的水量调度以及由于调水对汉江中下游水质影响和计划建造的渠道输水能力的分析,东中两线的水价分析以及便于观察整个工程的三维场景、电子沙盘和 GIS 显示系统的系统仿真平台。该仿真系统支持决策部门在"南水北调"工程中重点关心的污染、水量、水价等问题的分析和研究,并具有良好的工程显示系统;提供可使决策部门掌握的仿真系统,使"南水北调"工程建设的决策更加科学、合理和有效。同时在研究中利用这一仿真系统进行了污染、水量、水价和相关方面的仿真分析和试验,提出相应的结论和建议,以便决策部门参考。该仿真系统具有良好人机界面、使用方便、通用性强和分布式的工作能力,符合当前计算机发展趋势的要求并具有易于扩展的特点,并首次在国内采用 JAVA 语言开发出具有跨平台能力的大型复杂工程仿真系统。建立包含面这样广泛的"南水北调"工程仿真系统,在"南水北调"工程决策支持方面也属首次。总之,所建立的仿真系统是为"南水北调"工程决策提供方便实用的科学分析工具和仿真平台,为"南水北调"水利工程的决策提供技术支持和分析。

2.5 "南水北调"工程系统仿真研究的几个问题

国家计委向航天北京仿真中心下达任务时,要求着重研究 6 个问题:

▶ 2.5.1 中线工程能否满足沿线用水需求的仿真研究

从丹江口水库至北京的中线工程全部开挖渠道,渠道中间没有新增调蓄水库。这里研究在各种水文气象条件下沿线用水需求是否能得到满足。

2.5.1.1 2010 年"南水北调"中线工程沿线需求水量

所有用户多年平均需水量如图 2-9 所示。

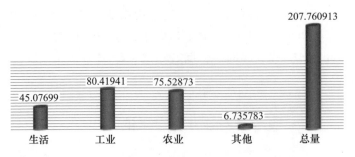

图2-9 所有用户多年平均需水量(单位:亿 m³)

2.5.1.2 数学模型

(1)引汉水与当地水共同供水。
(2)各种用水和供水的优先顺序。
(3)35年水文气象条件下的统计计算

$$供水保证率 = \frac{35\ 年供水旬数 - 不满足旬数}{35\ 年供水旬数}$$

$$水量保证度 = \frac{35\ 年实际供水量}{35\ 年总需水}$$

2.5.1.3 35年仿真结果供水情况各用户供水量保证程度

35年仿真结果供水情况各用户供水量保证程度见表2-1。

表2-1 35年仿真结果供水情况各用户供水量保证程度

处理	生活	工业	其他	农业
正常	100%	98.96%	95.94%	79.41%
拉偏10%	99.99%	97.91%	95.35%	72.75%
拉偏30%	99.96%	95.20%	87.12%	61.00%
拉偏-10%	100%	99.46%	99.03%	86.43%
拉偏-30%	100%	99.91%	99.73%	96.02%

2.5.1.4 基于数理统计的需水量偏差仿真的基本概念

水利系统必须在参数偏差的情况下进行仿真,参数偏差有两种:
(1)恒定数偏差;
(2)随机数偏差。

随机数偏差可按正态分布(图 2-10)、均匀分布取值。

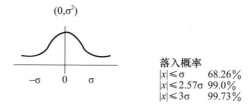

图 2-10　正态分布 $(0,\sigma^2)$

2.5.1.5　基于数理统计的需求量偏差仿真方法和仿真结果

(1)按均值为 0,均方差为 Q_1,取 400 个随机数 $\Delta Q_1,\cdots,\Delta Q_{400}$,以此作为 100 个用户的用水偏差量,即各用户的用水量变为

$$Q = Q_0(Q_1 + \Delta Q)$$

(2)进行 35 年调蓄调度仿真,求得在新用水量下的水量保证程度。

(3)仍在均方差为 Q_1 的情况下取新的 400 个随机数,重复进行(2)的仿真。在 Q_1 相同的情况下,执行 n 次(1)、(2)步骤,就求得在中线工程全部用户需水量偏差的均方差是 Q_1 的用水保证程度。

(4)另取均方差为 Q_2,重复上述步骤即可求得用水保证程度与需水偏差的关系曲线(表 2-2、图 2-11)。

表 2-2　用水保证率

σ	0	0.1	0.2	0.3	0.4	0.5	0.7	1.0
用水保证率/%	91.66	91.54	90.96	90.06	88.86	86.08	83.08	63.88

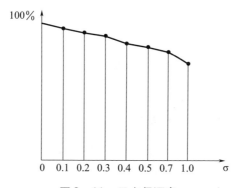

图 2-11　用水保证率

2.5.1.6 结论

"南水北调"中线工程是在沿线用水需求有30%变化(偏差按正态分布,均方差)情况下仍能很好地满足沿线用水需求。

2.5.2 中线工程节制闸闸距仿真分析

为了快速、安全输水,中线沿线设置节制闸,流量与水位通过水力学方程相关联,在正常工况条件下节制闸闸前水位不变。

2.5.2.1 仿真结果

在节制闸闸前水位维持正常工况的条件下得到如图2-12所示的仿真结果。

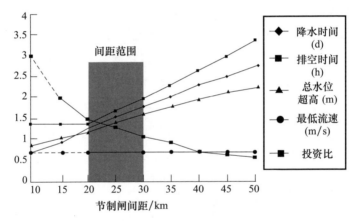

图2-12 中线工程节制闸闸距仿真结果

2.5.2.2 结论

从最低流速不小于0.8m/s以免结冰看,间距不宜小于20km;从排空时间不大于2天计,间距不宜大于30km。因此,间距宜在20~30km。

2.5.3 汉江中下游水质仿真

中线工程将使丹江口水库向汉江中下游下泄流量减少约1/4,将使汉江中、下游污染物浓度加大。但由于丹江口水库坝高增加15m,使枯水期下泄流量增加,有利于枯水期水质改变。

2.5.3.1 汉江中下游污染物排放量

2010 年汉江中下游各类污染物排放如图 2-13 所示。

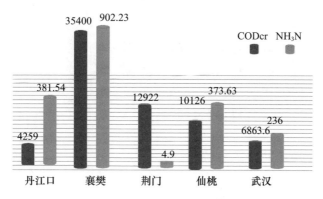

图 2-13　2010 年汉江中下游各类污染物排放(t/a)

2.5.3.2 水质仿真数学模型

QUAL-IIm 模型：

$$\frac{\partial C}{\partial t}=\frac{\partial\left(AD_L\frac{\partial C}{\partial x}\right)}{A\partial x}-\frac{\partial(AUC)}{A\partial x}+\frac{dC}{dt}+\frac{S}{V}$$

稳态方程的有限差分形式：

$$0=\frac{(AD_L)_i C_{i+1}-(AD_L)_i C_i}{V_i \Delta x}-\frac{(AD_L)_{i-1} C_i-(AD_L)_{i-1} C_{i-1}}{V_i \Delta x}-$$

$$\frac{Q_i C_i - Q_{i-1} C_{i-1}}{V_i}-R_i(C_i-C_{0i})+P_i+\frac{S_i}{V_i}$$

2.5.3.3 水质仿真结果

2010 年各类污染物排放如图 2-14 所示。

2.5.3.4 结论

"南水北调"中线工程由于汉江中下游下泄流量减少，将使污染物浓度加大，但由于丹江口水库坝高增加 15m，使枯水期下泻流量有所增加，因此汉江中下游水质仍然不低于Ⅲ类水。

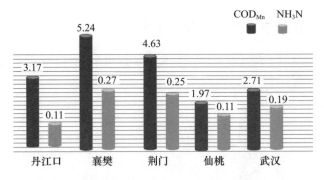

图2-14 2010年各类污染物排放(mg/L)

2.5.3.5 污染物排放量拉偏仿真

出现Ⅳ类水的条件：

2010年　　CODcr——85%
　　　　　NH_3N——85%

2030年　　CODcr——6%
　　　　　NH_3N——16.7%

▶ 2.5.4 汉江中下游温度湿度变化仿真

丹江口水库下泄流量减少将使汉江河面变窄。这里将研究汉江中下游温度、湿度的变化。

2.5.4.1 "南水北调"中线工程对汉江中下游温度和湿度影响很小

数学模型如下：

$$\begin{cases} T(i+1) - T(i) = \mathrm{d}T \\ q(i+1) - q(i) = \mathrm{d}q \end{cases}$$

$$\begin{cases} E = 1.688 + 0.375 \times (7.25 \times e^{0.062T} - 4.375 \times e^{0.066T}) \\ \Delta E = E \times \dfrac{\Delta w}{u} \times 365/1000 \\ \Delta P = \Delta E \times C\alpha \times 4.2 \times P_{水} \\ \mathrm{d}T = \dfrac{\Delta P}{P_{空气} \times C_P \times z} \\ \mathrm{d}q = \dfrac{g \times \Delta E \times 1000}{f_0 \times e^{\alpha \div \beta z} \times e_s} \end{cases}$$

2.5.4.2 仿真结果

温度、湿度随河流水面宽度变化的改变如图 2-15 所示。温度、湿度的年变化系列(河面变窄 30m)如图 2-16 所示。

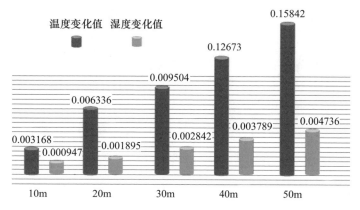

图 2-15　温度、湿度随河流水面宽度变化的改变

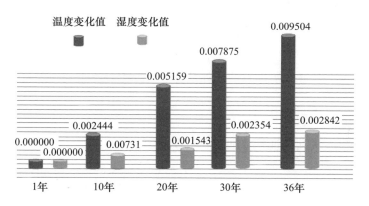

图 2-16　温度、湿度的年变化系列(河面变窄 30m)

2.5.4.3 结论

"南水北调"中线工程对汉江中下游温度和湿度几乎没有影响。

2.5.5　东线工程能否满足沿线用水需求的仿真研究

主要利用京杭大运河输水的东线工程在黄河以南是多水源、丰枯不平的河段,这里将研究在各种水文气象条件下沿线用水需求是否得到满足。

2.5.5.1 沿线用水需求

未来用户用水需求如图2-17所示。

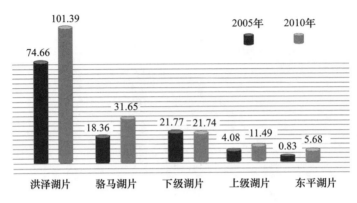

图2-17 未来用户用水需求（亿 m^3）

2.5.5.2 数学模型

(1) 抽江水与当地水共同供水；
(2) 各种用水与供水的优先顺序；
(3) 42年水文气象条件下的统计计算。

2.5.5.3 仿真结果

未来各片水水利保证程度如图2-18所示。

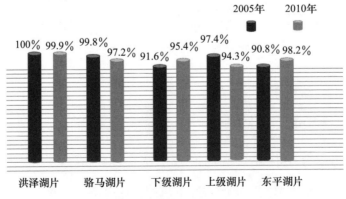

图2-18 未来各片水水利保证程度

2.5.5.4 基于数理统计的需水偏差仿真试验结果

用水保证率随需水增加变化表如表 2-3 所列,保证率随需水量增加变化曲线如图 2-19 所示。

表 2-3 用水保证率随需水增加变化表

需水量增加/%	0	5	10	30	50	70	100
全线用水保证率/%	98.5	97.5	96.6	91.9	86.9	81.6	74.6
黄河以南用水保证率/%	98.3	97.4	96.5	92.4	88.3	84.0	77.9
黄河以北用水保证率/%	99.1	98.6	96.7	86.8	71.3	55.2	38.0

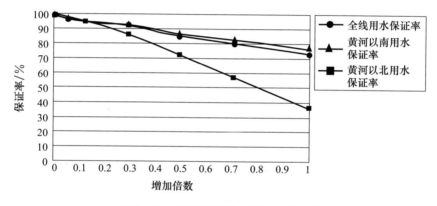

图 2-19 保证率随需水增加变化曲线

2.5.5.5 结论

东线工程是在沿线用水需求有 50% 变化(偏差按正态分布、均方差)情况下仍能很好满足沿线用水需求的调水工程。

2.5.6 东线工程水质仿真

当时京杭大运河部分河段已经严重污染。东线工程能否达到Ⅲ类水是东线工程要解决的一个核心问题。这里将在考虑各种污染和污染控制措施及降解因素后研究东线工程黄河以南沿线水质情况。

2.5.6.1 当前污染状况及 2005 年控制指标

2000 年各段污染状况如图 2-20 所示。

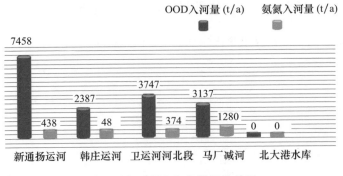

图 2-20　2000 年各段污染状况

2.5.6.2　污染负荷预测

2005 年污染负荷预测如图 2-21 所示。

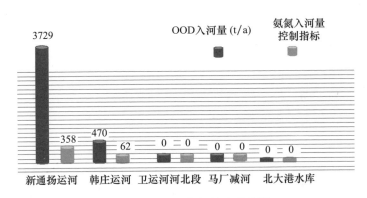

图 2-21　2005 年污染负荷预测

2.5.6.3　东线工程水质仿真数学模型

仿真数学模型如下：

$$\frac{dx}{dt} = \frac{Q_{in}}{V}x_{in} + \frac{Q_p}{V}x_p + \frac{Q_{np}}{V}x_{np} - \frac{Q}{V}x - \frac{Q_{im}}{V}x + \Sigma S$$

2.5.6.4　仿真结果

一期工程氨氮在规模水量条件下各河段末端水质情况如图 2-22 所示。

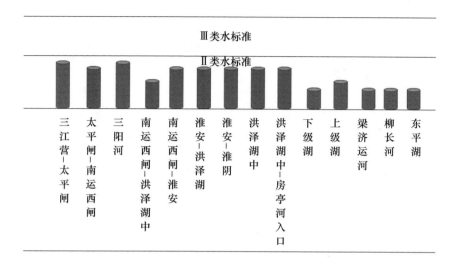

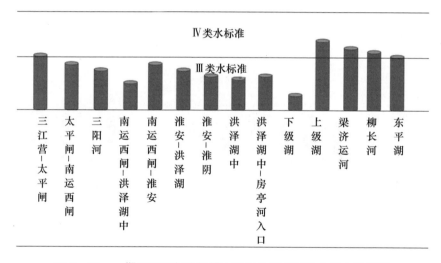

图 2-22 一期工程氨氮在规模水量条件下各河段末端水质情况

2.5.6.5 东线工程污染重点

一期工程氨氮在规模水量、全线污染源削减35%条件下各河段末端水质情况如图2-23所示,一期工程氨氮在规模水量、污染源局部(上级湖以上)削减35%条件下各河段末端水质情况如图2-24所示。

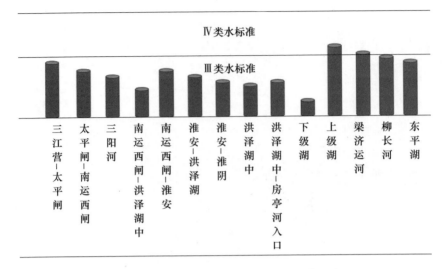

图 2-23　一期工程氨氮在规模水量、全线污染源
削减 35% 条件下各河段末端水质情况

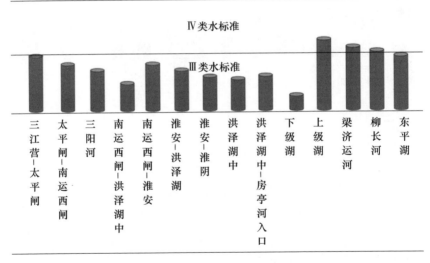

图 2-24　一期工程氨氮在规模水量、污染源局部(上级湖以上)
削减 35% 条件下各河段末端水质情况

2.5.6.6　结论

虽然东线沿线现状水质情况不太理想,但在"南水北调"东线工程实施以

后,东线沿线径流量加大,将使输水水质得到改善,再配以治污(治污量及重点地区)"南水北调"东线工程调水水质将好于Ⅲ类水。

在大型水利工程中运用仿真技术是十分必要的,也是非常有益的。许多重大工程如果失败将是灾难性的,是不允许失误的。类似"南水北调"这样庞大复杂的大系统,更需要保证决策过程的科学性、合理性和可行性。而这类复杂大系统其决策正确性的自然检验非常缓慢,而且一旦决策开始实施,其过程很难逆转和改变。仿真的优势在于人们可以在一个变化了尺度的环境中去研究系统,从而可以对各种决策的效果和作用进行分析比较,作出合理选择。在大型工程中利用仿真技术进行系统的仿真研究,对于制定科学合理优化的决策有极其重要的意义。"南水北调"所经过各地的实景图如图2-25~图2-35所示。

图2-25 "南水北调"中线起点丹江口水库大坝图

图2-26 引江济汉工程进口段

图2-27 "南水北调"中线工程陶岔渠首工程

图2-28 "南水北调"中线工程渠道

图2-29 "南水北调"中线工程刘庄村东南渠道

图2-30 "南水北调"中线工程北京卢沟桥下碧波重现

图2-31 "南水北调"终点颐和园团城湖

图2-32 "南水北调"东线江都水利枢纽

图2-33 "南水北调"东线工程淮阴三站航拍图

图2-34 "南水北调"东线一期工程宝应站

图2-35 "南水北调"东线南四湖水质清澈

第3章 "引黄入晋"工程全系统仿真

3.1 概 述

"引黄入晋"工程(以下简称引黄工程)从万家寨水库引黄河水到太原和大同,是全国第三大水利工程,是投资数百亿的大工程,是"九五"国家计划重点建设工程。该工程引水线路总长约452km,包括总干线、南干线、连接段和北干线四个部分,沿线有六座大型水泵站、七座大型取水分水闸、三座大型调节网站、七十多座大型阀室、四座水库、450多千米的隧洞管道、渡槽等水工建筑物。其工程图如图3-1所示。

由于工程所处地形复杂、规模宏大,其大流量、长管道、高扬程、主扬程级间串联,泵站内多对机组并联的复杂系统,在国内是首次使用,在世界上也是罕见的,所以对工程的设计和施工都有极高的要求。尽管在新的工程设计中拟用控制变速泵转速达到流程平衡,但对系统能否稳定输水的怀疑和争论一直存在。

工程开始不久,水利界一部分专家提出不同意见,认为工程设计方案是错误的。工程被迫停下来,怎么办?拖下去损失会很大。世界银行作为投资者之一,提出做系统仿真。如果国内做不了,可以请国外专家来做。"引黄入晋"工程指挥部的专家同北京仿真中心专家合作,成功地研制了"引黄入晋"工程全系统仿真系统,取得了三个重要成果:

(1)确定原设计方案,总体上是正确的,是可行的,因此工程可以开展(避免了重大损失)。

(2)原设计方案中所选的关键设备泵的技术指标有重要错误。泵的启动时间原设计为6min,现改为3min,否则会造成重大损失。

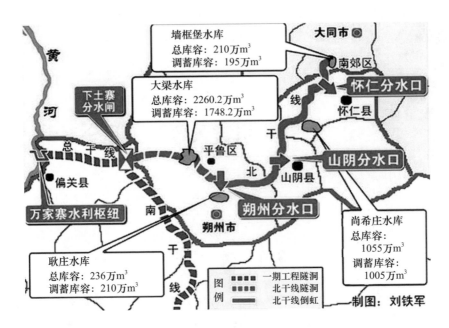

图3-1 "引黄入晋"工程图

(3) 为运行管理建设创建了平台,为提高运营效率培训操作人员发挥重要作用。

水利专家给予这套仿真系统极高的评价。由权威专家组成的最终成果评审会指出"引黄入晋"工程是我国一项大型输出水工程,引黄工程全系统运行计算机仿真系统,是系统仿真技术在水利工程中的重要应用,在我国尚属首次,技术上有创新,达到国际先进水平。

万家寨引黄工程是一项跨流域的大型引水工程,位于山西省北部,从山西省偏关县境内的黄河万家寨水库取水,分别向太原、大同和平朔三个能源基地供水,是"九五"期间国家重点建设工程。

万家寨引黄工程包括总干线、南干线和北干线三个部分,引水线全长452km。该工程分两期施工,第一期工程先建总干线和南干线。

总干线由万家寨水库到下土寨分水闸,总长约42.9km,设计输水流量为$48m^3/s$。输水线路为:万家寨水库→总干一级泵站→总干二级泵站→总干三级泵站分水闸。从万家寨水库→申同嘴水库采用有压管道输水,而从申同嘴水库→分水闸采用无压隧洞输水。在总干一级、总干二级中各安装10台大型水泵,单泵的设计流量为$6.45m^3/s$,设计扬程为142m;总干三级泵站也安装10台大型水泵,单泵的设计流量为 $6.45 m^3/s$,设计扬程为 $76m$。在每一个泵站中有 2 台泵站作为备用。

南干线输水到太原,输水线路为:下土寨分水闸→南一泵站→南二泵站→头马营(汾河)→太原。整个线路采用明流输水:在分水闸→头马营采用人工无压隧洞输水,隧道的总长约为 $150km$,设计流量为 $25.8m^3/s$。在南一泵站和南二泵站各安装 6 台水泵,单泵的设计流量为 $6.45m^3/s$,设计扬程为 $142m$,在每一个泵站中有 2 台泵作为备用。

万家寨引黄工程是从根本解决山西水资源紧张,促进山西工农业生产发展,提高人民生活水平,维系国家能源重化工基地发展的生命工程。该工程所处地域地形复杂,规模宏大,这种大流量、长管道、高扬程、级间串联、泵站内多台机组并联的复杂泵系统在国内尚属首次运用,世界上也是罕见的。因此利用仿真技术验证工程设计、提出现有工程设计中影响运行的重大问题,找出调度运行的最佳模式,初步明确监测点的设置位置、数量和精度,对各主辅设备提出运用特殊技术要求,提出重要控制调节点的控制调节模型等是保证工程质量建设及运行的重要措施。

3.2 引黄工程全系统仿真模型的基本结构

引黄工程仿真模型是万家寨真实工程系统在计算机上的再现,仿真模型的核心部分是对引黄工程全部环节的数值计算,包括五级泵站、输水系统中的水库、调节控制闸、隧洞涵管、渡槽、各泵站本地控制组合、全线自动化监测控制系统等。这部分是引黄工程仿真模型中的数值计算子模块。

但仅有数值计算子模块是不够的。仿真模型还必须包括人机交互子模块,以便于仿真用户对仿真模型的操作。

仿真模型还必须设置实时图形/图像输出子模块,这一子模块的功能是用实时图形和实时动画的形式将仿真过程中的动态情况逼真地展现在仿真用户面前。

除此之外还必须有仿真运行控制子模块,这一子模块的功能是控制仿真模型按仿真用户的要求实时运行,并对运行的初始数据和结果数据进行管理,例如打印、绘图、对数据库操作等。

仿真模型的子模块如图 3-2 所示。

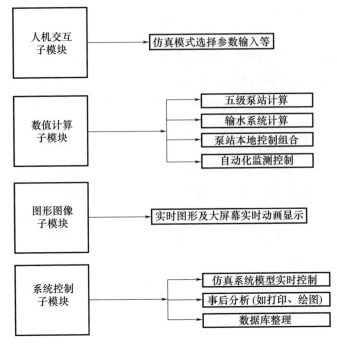

图3-2　仿真模型子模块

3.3　计算机仿真平台

选用什么仿真计算机和仿真平台关系到能否顺利完成引黄工程全系统仿真Ⅰ期工作大纲的各项仿真工作。同时随着仿真工作的深入进行,在起步期间选用的平台必将对Ⅱ期、Ⅲ期等今后的仿真工作能否顺利进行产生深远的影响,同时它也关系到从起步到最后仿真工作的花费多少。

随着计算机技术的飞速发展,当前国际上仿真领域内越来越重视开发使用廉价的通用的PC机做仿真计算机的技术,北京仿真中心开发的基于PC机的分布式实时网络仿真计算机系统在最近两年取得关键性的技术突破,并且已经成功地把我国某重点型号防空武器系统的仿真模型建在这一计算机仿真平台上。北京仿真中心把在国防科研领域的这一最新成果提供给国民经济重大项目的仿真工作使用。

在万家寨引黄工程全系统仿真工程中选用基于PC机的分布式实时网络仿真计算机系统作为计算机仿真平台。为叙述方便,以下简称多PC机系统,其示意图如图3-3所示。

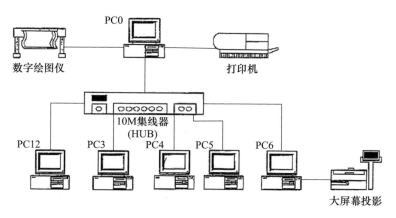

图3-3 多PC机系统

引黄工程仿真（Ⅰ期）选用6台P-Ⅱ266 PC机,它们用10M以太网按总线结构相连接,每一台PC机上插入一个网卡,用五类双绞线与集线器相连,保证系统实时运行的时钟板插入PC0中。

多PC机系统与超级小型机、专用仿真机、工作站等其他仿真系统相比有如下优点：

(1)高性能价格比:PC机是最廉价的、PC机软件也是最廉价的。

(2)并行开发,加快开发进度。

(3)可扩充性极好:只要在集线器(HUB)上插入新的PC机即可实现仿真规模的扩充。同时仿真功能的扩展也极方便。因为以太网和PC机的PCI、ISA总线均极易连接实物,因而扩展成半实物仿真系统极其容易。例如,将引黄工程的监测控制系统接入本仿真系统,可以实现对实物的全系统运行检测。

(4)高的硬件可维护性。

(5)易于更新换代。

(6)高的计算机利用率:PC机广泛用于办公自动化。

3.4 仿真模型的设计

3.4.1 数值计算子模块

如前所述这一子模块需要完成引黄工程全部水力学模型和自动化检测控制

系统的计算。经对 P-II266 运算能力的初步估计,将用图 3-2 中 PC12、PC3、PC4、PC5 四台 PC 机来完成这一子模块的运算,具体分配如下:

PC12:总干一、二级泵站及从万家寨到申同嘴水库引水系统水力学计算,相应的检测站点及一、二级泵站本地控制组合计算。

PC3,PC4,PC5:分别完成总干三级和南干一、二级泵站及相应引水系统水力学计算及监测站点,本地控制组合计算。

6 台 PC 机的功能划分如图 3-4 所示。

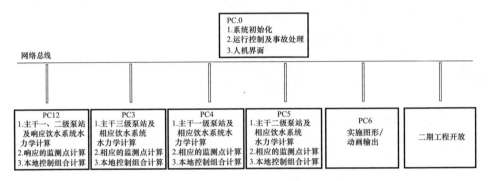

图 3-4　PC 机系统功能图

为了加快引黄工程仿真模型开发速度,将使用可视化建模工具软件 Matrixx。其开发过程如下:

1. 建立超级块(SuperBlock)

引黄工程全部水力学模型包括水泵站、有压输水道管道、无压输水道管道、闸门等子模型。首先根据各子模型的数学模型用 Matrixx 建立下属类型的超级块。

(1)水库。

(2)有压管道:单管和带分支的有压管道。

(3)水泵:单台或多台水泵。

(4)进水前池。

(5)出水闸井。

(6)调压井。

(7)导流明渠。

(8)闸门、阀门。

用户在 Matrixx 环境下去看这些超级块,看见的仅仅是各种带边界条件连接的图形块,而不必去关心超级快内部的数学运算。

2. 利用超级块建立数值计算子模块

将上述各种超级块按引黄工程水力学的物理结构在 Matrixx 环境下,进行图形连接。例如建立总干三级泵站水力瞬变仿真模型只要将进水前池、水泵、有压管道、出水闸井等超级块按顺序将其连接,即得到总干三级泵站的图形仿真模型。为了单独检查这一图形仿真模型的正确性,可在 Matrixx 环境下运行这一图形仿真模型(解释执行)即可得到仿真结果和数据。经判断确认图形仿真模型正确后,将这一图形仿真模型编译得到 C 语言的仿真模型,再与用 C 语言写成的网卡驱动子程序连接,用 C 语言编译程序进行编译即得到数值计算子模块的可执行目标代码。这种面向仿真对象的建模方法有以下显著优点:

(1)仿真模型与被仿真系统的对应关系清晰,易于理解;
(2)仿真模型的更改和各超级块的更换较方便;
(3)易于分块检验仿真模型,查错和校验比较方便。

3.4.2 仿真数据库

仿真数据库用于存放引黄工程设计参数及仿真结果数据。在仿真模型运行初始化阶段从数据库中提取相应的工程设计参数,对仿真模型的变量赋值,仿真过程结束时将仿真结果存入数据库中,便于今后查询。

总干一级泵站、二级泵站、三级泵站、南干一级泵站和南干二级泵站共五个泵站的下述数据将存放于数据库中:

(1)管道特征参数:管道编号,管长,管径,水击波速,管道阻力系数(或管道糙率系数)等;

(2)水泵机组特征参数:机组编号,机组转动惯量,出口蝶阀初始开度,机组初始转速,蝶阀最大开度,水头损失等;

(3)调压室(溢流井)特征参数:调压室(溢流井)编号,调压室截面积,调压室底部位置高程,调压室溢流堰顶位置高程,溢流流量系数,溢流堰宽等;

(4)控制阀门特征参数:阀门编号,阀门开度启闭规律(开度与时间的关系),阀门特性(无因次流量系数与阀门开度的关系);

(5)水泵特性数据:水泵编号,水泵流量特性,力矩特性;

(6)管道水力特征参数:管道编号,初始流量,管道进口初始测压管水头,管道出口测压管水头,其中也包括了万家寨水库水位、各泵站进水前池出水闸井水位。

申同嘴水库和总干三级泵站区间、总干三级泵站和南一泵站区间、南一泵站和南二泵站区间、南二泵站和头马营区间无压隧洞系统将有下列数据存于数据库中：

(1) 输水线路(包括无压隧洞、渡槽、压力管道)特征参数:线段编号,长度,糙率,底坡,断面形状代号(指示断面是圆形、马蹄形、城门洞形或渡槽等),断面尺寸等。

(2) 输水线路初始流量和水头数据:线段节点(包括无压隧洞进口和出口)编号,节点初始流量,节点初始水深等。

(3) 输水线路进出口,边界条件数据:线路进口(一般与水库或泵站出水闸井联接)流量与时间的关系,线路出口(一般与泵站进水前池联接)流量与时间的关系,分水闸调节规律,申同嘴水库放水闸调节规律,进水前池面积、溢流流量系数、堰宽等。

3.4.3 仿真系统的运行及同步

仿真系统的运行分三个阶段：

(1) 初始化。仿真系统运行的初始化阶段,包括仿真系统根据人机交互过程中仿真工程师指定的仿真模式(选定运行工况等)从数据库中提取数据对仿真模型的变量赋值,这一阶段仿真系统处于非实时工作状态。

(2) 实时仿真。在这一阶段,数值计算子模块及整个系统将进入实时运行,因此仿真系统中 6 台 PC 机的同步将十分重要,6 台 PC 机同步运行时序示意图如图 3-5 所示。

插入 PC0 的时钟板按设定的计算周期产生脉冲,PC0 查询到时钟板上产生脉冲后即开始向 PC12 发送一个数据包,PC12 接收到这一数据包后即向 PC0 返送一个数据包。然后 PC0 依次向 PC3、PC4、PC5 发、收数据包,最后向 PC6 发送数据包。数据交换结束后,PC0 开始数据处理,数据处理结束后再次反复查询时钟脉冲。下一个时钟脉冲到来时就是新一帧运行的开始。

PC12 向 PC0 发送数据包后就进入数值计算,计算结束后进入等待状态,等待 PC0 在下一帧发送数据包。PC3、PC4、PC5 的运行过程与 PC12 相同。

PC6 收到数据包后进入实时图像生成,然后等待 PC0 在下一帧发送数据包。

(3) 事后处理。仿真系统在这一阶段将仿真结果数据存入数据库,并根据需要打印和绘图输出。

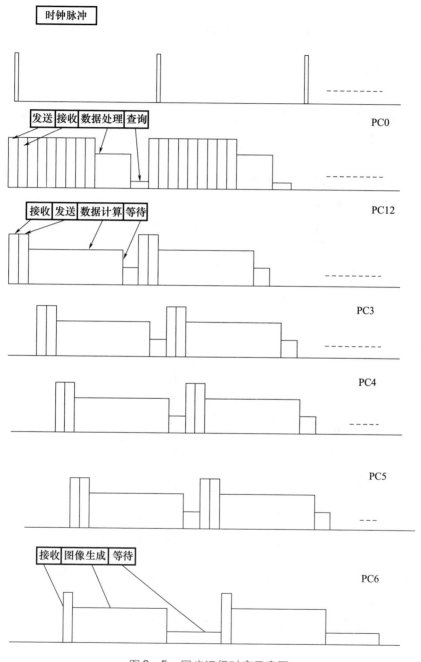

图3-5 同步运行时序示意图

3.5 "引黄入晋"工程运行控制仿真模型

3.5.1 问题的提出

万家寨"引黄入晋"工程在国内首次采用大流量、高扬程、长距离的复杂泵系统，拟通过控制变速泵转速来达到流量平衡。回答对输水系统能否安全稳定运行的质疑，仅仅依靠当时已有的水力学数值计算难以令人信服，迫切需要提出一套复杂泵系统控制规律、并构建一个嵌入该规律的全系统运行计算机仿真系统，即必须设计和开发一套包含变速泵、定速泵、闸、阀门等执行部件自动控制规律的数学模型及其相应的计算机仿真模块，并将其与水力学数值计算模块有机集成，构成完整的工程运行计算机仿真系统，进而在这一仿真系统上预演现有工程设计方案能否正常输水，并辅助解决与全线自动化有关的问题。

3.5.2 工程运行控制问题描述

为了实现引黄工程安全、可靠、经济地向太原等能源基地供水的总目标，就要求控制系统能将全线各水库控制闸门（阀门）、各级泵站并联运行的数台水泵、变速电机、南北干分水闸作为一个整体，协调一致地进行控制，以确保隧洞不封顶、不断流、泵站进水前池不溢流、水泵不发生气蚀，并且使水泵启停次数尽可能少，闸门（阀门）调节频率尽可能低，所有水泵均工作在高效运行区，即在保证水工结构安全和整个输水系统设备可靠运行前提下，做到以避免或减少弃水、降低能耗为核心的经济运行。

根据引黄工程的水力学特点、运行调度原则及对控制系统的要求，引黄工程控制规律设计问题可以用下述最优控制问题来描述：

(1) 优化目标：按需供水、弃水最少、各水泵开/停机间隔时间最长、闸（阀）门调节频率最低；

(2) 约束条件：工程设计、物理定律、设备性能、隧洞净空要求、前池水位允许变幅等安全性限制；

(3) 控制变量：总干一、二级泵站开机台数，总干三级泵站、南干一、二级泵站定/变速泵开机台数，总干三级泵站、南干一、二级泵站变速泵转速，总干三级泵站、南干一、二级泵站出水闸井闸门开度，申同嘴水库放水闸门、阀门开度，南、北干线分水闸门开度。引黄工程输水系统方案如图 3-6 所示。

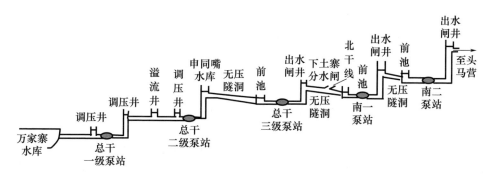

图3-6 引黄工程输水系统方案

3.5.3 工程运行控制特性分析

3.5.3.1 申同嘴水库运行特性分析

深入分析"引黄入晋"工程输水系统方案(图3-6),可以得出这样的结论:在正常情况下,引黄工程供水流量主要取决于申同嘴水库下放流量。对于某一特定的申同嘴水库水位,放水闸门、阀门的开度一经确定,放水流量也就确定了。当申同嘴水库水位变化时,若要确保下放流量不变,则就必须调节放水闸、阀门的开度。申同嘴水库放水量依据供水计划来确定,其应与下游泵站的抽水能力相匹配,这样才能避免下游泵站的频繁开、停机,甚至是前池弃水。

3.5.3.2 泵系统运行特性分析

"引黄入晋"工程是多级泵站串联、站内多台机组并联的复杂泵系统。在正常运行过程中,引黄工程总干一、二级泵站串联运行,站内多台机组并联,两个泵站的进、出水流量通过站间的调压井水位调整,两站的抽水流量可以自行平衡。一方面,总干一、二级泵站的流量随着万家寨水库水位和申同嘴水库水位的变化而变化;另一方面,当申同嘴库放水流量与总干一、二级泵站出水流量(即申同嘴水库入流量)有差异时,将导致申同嘴水库水位发生变化。

总干三级泵站、南干一、二级泵站是多泵并联系统,泵站出流量不仅随各自进水前池水位与出水闸井水位之差的变化而变化,而且还可以通过控制变速泵的转速和出水闸井闸门开度(孔口出流时)改变泵站的出流量。

(1)只利用泵站进水前池水位允许变幅范围来调节泵站出水流量,调节范围很小,调节变速泵转速,可以获得较大流量变化范围;

(2)水泵抽水流量随变速泵转速增加而增加,随变速泵转速减小而减小,二者关系是非线性的;

(3)当泵站水泵开机台数相同,但其中变速泵、定速泵台数组合不同时,抽水流量变化范围不同;

(4)当泵站出水流量相同,但变、定速泵开机台数组合不同时,对应的变速泵转速是不同的,泵站的效率、能耗亦不同;

(5)当把变速泵转速限制在额定转速的94%~100%时,泵站效率较高,但泵站抽水流量随开泵台数不同而不同,流量变化不连续;

(6)总干三级泵站、南干一、二级泵站开泵台数相同时,各泵站出水流量变化范围大致相同,但有差异。

3.5.4 工程运行控制规律

3.5.4.1 申同嘴水库放水闸、阀控制规律

申同嘴水库设有三孔弧型放水闸门,其中两孔运行,一孔备用,二孔闸门异步调节。此外,为了在保证申同嘴水库下泄流量精度的前提下,尽量减小弧型闸门调节的次数,申同嘴水库还设有两孔锥形阀门,起流量微调作用。对于某一特定的申同嘴水库水位,闸、阀门的开度一经确定,放水流量也就确定。如前节所分析的那样,申同嘴水库水位会发生变化,因此要使下泄流量不变,就需要调节出水闸、阀门的开度。记 Q_{src} 是根据输水计划给定的申同嘴水库下放流量指令值,H_{sr} 是当前时刻申同嘴水库水位,Q_{g1}、Q_{g2} 分别是处于工作状态的两个弧型闸门当前开度下的出流量,Q_{vm} 是当前申同嘴水库水位下单孔锥形阀最大开度时的出流量,则弧型闸门的分配流量 Q_{gic} 可按图3-7示意的逻辑计算,其中 j 是上次调节的弧门号,i 是本次调节的弧门号。

此方案中考虑到,在锥形阀可调节范围内,尽量充分发挥锥形阀流量调节能力,以降低弧形闸门的调节频率。弧形闸门一次调整后,水库下泄流量的增大或减小将影响申同嘴水库的水位,进而引起此闸门开度下弧形闸门出流量的变化,故需对闸门、阀门协调控制。在具体算法实现时,须在条件切换时合理设定适当的阈值条件。

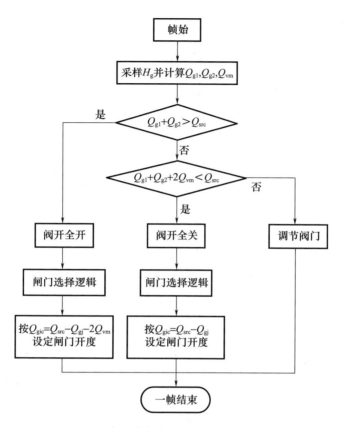

图 3-7 申同嘴水库闸阀门调节逻辑示意图

3.5.4.2 变速泵控制系统控制规律

总干三级泵站、南干一、二级泵站均配备有若干台定速泵和变速泵,其中泵站控制系统主要由水位敏感器(水位计)、量测 LCU、站控计算机、泵组 LCU、变速器等组成,并与泵站水力学构成一个闭环控制系统。

分析泵站工作原理可知,泵站进水前池水位 H_{fb} 和上游流入泵站的流量 Q_{in} 与水泵抽水流量 Q_p 之差呈积分关系,积分时间常数为进水前池横截面积 A_{fb},同样,泵站出水闸井水位 H_{ab} 和水泵抽水流量 Q_p 与泵站出水流量 Q_{out} 之差呈积分关系,积分时间常数为出水闸井横截面积 A_{ab};正常工况下水泵抽水流量 Q_p 取决于泵站出水闸井水位 H_{ab} 与进水前池水位 H_{fb} 之差和变速泵转速 n;泵站出水流量 Q_{out} 取决于泵站出水闸井水位 H_{ab} 和出水闸井闸门开度 e。上述关系可表示为

图 3-8 为泵站系统模型框图。

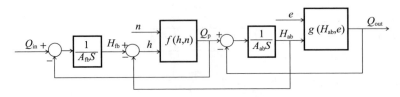

图 3-8　泵站系统模型框图

由于变速泵抽水流量特性 $f(h,n)$ 和出水闸井出水特性 $g(H_{ab},e)$ 均是非线性的,故可采用在工作点附近小偏差线性化方法,建立其传递函数模型。下面仅以出水闸井工作在非孔口出流状态为例进行分析。令:

$$k_1 = \frac{\partial f}{\partial h}, \quad k_n = \frac{\partial f}{\partial n}, \quad k_2 = \frac{\partial g}{\partial H_{ab}}$$

将其代入泵站系统模型并经过整理,可得到如图 3-9 所示泵站入流量、变数泵转速与前池水位、出水闸井水位和泵站出流量的动态特性数学模型。

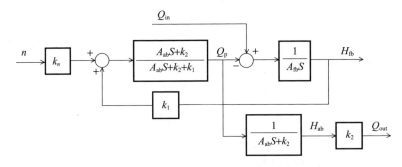

图 3-9　变速泵动态特性数学模型

注意到测量环节的量测量是进水前池水位。分析上面模型可知,在系统处于稳态情况下,泵站入流量等于出流量,进水前池水位恒定。因此可以通过设计一个 PID 调节器 $D(z)$ (图 3-10),通过对变速泵转速的控制使进水前池水位保

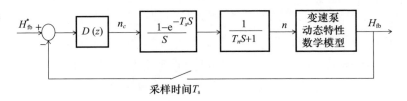

图 3-10　变速泵控制模型示例

持在设定值 H_{fb}^*,从而达到调节进、出泵站流量平衡的目的。在此将变速器的动态响应特性用惯性环节近似。

3.5.5 工程控制系统仿真模块

3.5.5.1 模块划分

"引黄入晋"工程全系统运行计算机仿真系统的核心是数值计算部分。控制系统仿真模块划分为8个子模块,它们分别是中央控制模块(CCU)、总干一级泵站控制模块(SCU1)、总干二级泵站控制模块(SCU2)、申同嘴水库放水闸阀控制模块(SCUs)、总干三级泵站控制模块(SCU3)、下土寨分水闸门控制模块(SCUx)、南干一级泵站控制模块(SCU4)和南干二级泵站控制模块(SCU5)。由于总干二级泵站控制模块(SCU2)的功能与总干一级泵站控制模块(SCU1)的功能基本一致,南干一级泵站控制模块(SCU4)和南干二级泵站控制模块(SCU5)除了泵的台数与总干三级泵站有别以外,基本功能与总干三级泵站控制模块(SCU3)也类似,故下面只描述中央控制模块(CCU)、总干一级泵站控制模块(SCU1)、申同嘴水库放水闸阀控制模块(SCUs)、总干三级泵站控制模块(SCU3)和下土寨分水闸门控制模块(SCUx)的基本功能。

3.5.5.2 中央控制模块基本功能

根据输水计划、当前各级泵站设备状态(包括开机水泵台数和完好水泵台数)、以及万家寨水库水位,确定/调整全线输水流量及调整时刻,包括总干线输水流量、南干线输水流量、北干线输水流量。生成各级泵站事故处理标志。

3.5.5.3 总干一级泵站控制模块基本功能

(1)在正常运行工况时,根据申同嘴水库水位及有关时间约束关系,控制总干一级泵站水泵的开机和停机的时刻,以调节总干一、二级泵站与申同嘴水库放水流量差异引起的不平衡流量;

(2)当总干输水流量设定值改变时,根据申同嘴水库水位、申同嘴水库放水流量及有关时间约束关系,控制总干一级泵站水泵的开停机时刻,使之与申同嘴水库放水闸阀的调整相互协调,以实现全线输水流量的调整;

(3)在事故工况时,控制总干一级泵站备用泵的开机和水泵停机;

(4)选择正常开、停泵时的水泵编号,并发出相应控制指令。

3.5.5.4　申同嘴水库放水闸阀控制模块基本功能

（1）在正常运行工况时，根据申同嘴水库水位和总干输水流量设定值，实时控制申同嘴水库弧型闸门和锥形流量调节阀的开度；

（2）当总干输水流量设定值改变时，根据申同嘴水库水位及有关时间约束关系，实时控制申同嘴水库弧型闸门和锥形流量调节阀的开度，使之与总干一、二级泵站水泵的开机台数及开停机时刻相互协调，以实现全线输水流量的调整；

（3）在事故工况时，实时控制申同嘴水库弧型闸门和锥形流量调节阀的开度，以适应全线输水能力的变化；

（4）2孔弧型闸门异步调节。

3.5.5.5　总干三级泵站控制模块基本功能

（1）在正常运行工况时，根据总干三级泵站进水前池水位信息及有关时间约束关系，控制总干三级泵站水泵的开机和停机；

（2）根据总干三级泵站进水前池水位信息，确定变速泵的转速设定值；

（3）当输水闸井按孔口出流状态工作时，确定出水闸井闸门开度；

（4）在事故工况时，控制总干三级泵站备用泵的开机和水泵停机；

（5）选择正常开停泵时的水泵编号，并发出相应控制指令。

3.5.5.6　下土寨分水闸门控制模块基本功能

（1）一期工程阶段，在南干线事故工况时，实时控制南干闸门开度，即目前带分水闸的无压流动计算模型中的南干闸门阻力系数，以尽可能减小弃水量；

（2）二期工程阶段，分别在正常运行工况和事故工况时，实时控制南干和北干分水闸门的开度，以实现按南干、北干输水流量设定值分别向南干和北干放水。

3.5.6　典型工况仿真结论

为了验证上述系统特性分析的正确性，验证控制系统方案以及各控制节点控制规律的合理性，验证控制系统仿真模型，并回答与输水系统设计和运行有关的各种问题，进行了数十种正常工况和事故工况的仿真试验。结果表明，就输水系统运行调度与控制而言，"引黄入晋"工程具有可控性，本项目开发的控制系统能够协调一致地控制全线各闸、阀门、变速电机、水泵启停等调控手段，在各种正常工况、输水流量改变、不平衡流量调节等情况下,实现输水系统不弃水、不断流,高效率地按需供水;在泵站发生事故、部分或全部机组停机时,及时进行故障处理,或启动备用泵,或降低全线输水流量直至全线停机,并使弃水量最小。

"引黄入晋"工程运行控制系统仿真研究,完成了全线多级泵站串联、站内多台机组并联的复杂泵系统和调节水库的基本运行特性综合分析,提出了如此大型复杂工程系统的控制方案,并设计开发了各主要调控节点的控制规律和仿真模型,验证了工程运行的可行性,对全线测点布置和重大主辅设备参数确定提供了定量参考依据,为下一步计算机监测与控制系统设计奠定了基础。

3.6 "引黄入晋"工程三维视景仿真实现

3.6.1 设计目标

"引黄入晋"工程三维视景仿真系统要求通过视景仿真技术对工程全线重要水工建筑物(如取水口、泵站、输水管道、阀室、水厂、调度中心等)、重要设备(水泵、减压阀、机电设备等)、重要系统(如自动化系统、通信系统、供电系统等)进行三维可视化模拟,使用户不用到工程现场就可以身临其境地对工程的全线或感兴趣的重要建筑进行漫游和信息查询,并可通过三维动画演示的形式对重要设备进行模拟拆分、组装、运行,对重要系统的组成、布置、原理进行形象展示,以便对其进行了解和认知。

另外,通过在视景仿真系统中引入以音、视频为特征的多媒体技术,结合三维虚拟场景,系统需对工程背景、工程概况、工程建设及其所产生的经济社会效益进行阐述,使系统的完整性得到进一步加强,以满足不同层次人员进行工程介绍、展示和培训的要求。

3.6.2 现实意义

"引黄入晋"工程三维视景仿真系统作为引黄工程数字化信息平台的重要组成部分,是建设数字引黄工程的主要技术基础工作之一,为工程结构、工程特征、工程管理提供数据可视化仿真系统,其建设的主要目的是为管理者提供一个基于视景仿真技术的工程可视化环境和管理平台,以满足向不同层次人员进行工程介绍、展示和培训的要求,适应工程管理现代化、数字化和可视化的要求。

3.6.3 系统实现

"引黄入晋"工程三维视景仿真系统主要包括场景资源和场景驱动两大部分。场景资源是系统需要展示的场景素材库,系统功能的实现依赖于场景驱动对场景资源进行高效有序的管理来完成。

3.6.3.1 场景资源

场景资源主要包括地形地貌模型、水工建筑模型、设备模型及其他模型等场景三维模型文件以及文本、图片、音视频等系统其他资源文件,其实现工具及过程如图3-11所示。

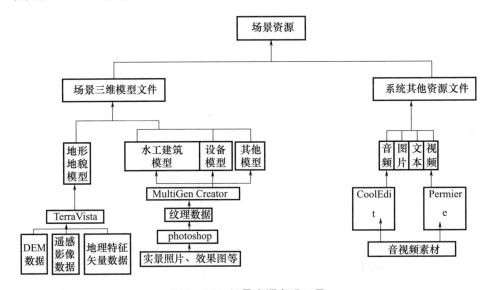

图 3-11 场景资源实现工具

场景三维模型文件主要包括地形地貌模型、水工建筑模型、设备模型及其他模型等。地形地貌模型覆盖工程所在的山西省西北部近2万平方千米的地域,利用该地域的1:50000精度的数字高程模型(digitale levation models,DEM)数据、10m分辨率的遥感影像数据和地理特征矢量数据通过专业地形地貌软件Terra Vista实现。水工建筑模型主要包括万家寨取水口、五级泵站(总干一级、总干二级、总干三级、南干一级以及南干二级泵站)、头马营出水口、汾河水库、连接段三座减压阀室、太原市呼延水厂和引黄调度中心等;设备模型主要包括各级泵站内部电机层、电缆层、水泵层、继保室和监控室以及减压阀室和调度中心所有的关键设备等;其他模型主要包括场景辅助模型、为系统提供交互操作的工程平面布置、工程纵剖面及工程微缩电子沙盘等三维模型。水工建筑模型、设备模型及其他模型主要借助工程实景照片、效果图、示意图或布置图等文件作为参考,利用 Photoshop 进行纹理创建和建模软件 MultiGen Creator 对场景对象进行几何建模和纹理贴图来完成构建。

场景中所有的三维模型数据均采用工业标准 OpenFlight(*.flt)格式,该格式是一个分层的数据结构,通过使用几何体(Geometry)、层次(Hierarchy)结构和属性(Attribute)来描述和组织三维对象,可以在驱动程序中对层次结构进行访问和操作。为了使建好的水工建筑模型准确、无缝地整合到地形地貌模型中,在进行地形地貌模型生成时,需要在地理特征矢量数据中对水工建筑所在位置进行标记,当地形地貌模型生成完毕后,将对应的水工建筑模型通过手工加载到标记位置点,并需对周边的环境进行适当的修改。

为了满足视景仿真系统实时性、逼真性和低耗性的要求,在保证不影响系统效果的前提下,在建模时采用了细节层次技术、实例化、外部引用和多种纹理等技术对场景进行了优化,删除了冗余的多边形,并对 OpenFlight 数据库层次结构进行了调整和合理组织。

系统其他资源主要包括文本、图片和音视频等文件,其中,文本为工程沿线所有水工建筑提供详细的信息查询显示内容;图片为系统图形化界面、泵站、设备等水工建筑提供显示素材;音视频素材分别通过 CoolEdit 或 Adobe Premiere 进行编辑处理后为系统提供声音和视频图像,可以极大丰富系统表现内容和表现方式,增强系统的表现力。

3.6.3.2 场景驱动

"引黄入晋"工程三维视景仿真系统场景驱动以 VC++6.0 为系统开发平台,采用双线程机制进行系统初始化和运行,场景漫游与管理利用 OpenGVS SDK 提供的 API 实现,图形化界面绘制和视频图像在场景中的显示基于 OpenGL 实现,视频图像的获取和音频文件的播放管理分别通过 Windows Multimedia SDK 中的 VFW(video for windows)和 MultimediaAudio 实现,场景多通道基于 socket 实现的广播式网络通信来完成,系统驱动开发工具如图 3-12 所示。

为了全方位、多角度展示工程全貌和工程特点,该系统采用虚实结合的手法,充分运用视景仿真技术和多媒体技术,采用图形化操作界面,并将视频、音频、图表、操作界面和三维虚拟场景等多种表现形态有机地融合在一起,极大地

丰富了视景系统的表现内容和表现手段,增强了系统的交互性和可操作性,主要实现的系统功能有:

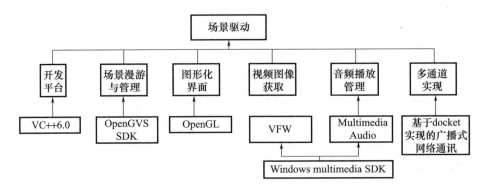

图3-12　场景驱动开发工具图

1. 实时漫游

基于 OpenGVS SDK,系统实现了手动漫游、快速定位和单路径/多路径自动漫游等实时漫游功能。

手动漫游功能的实现主要利用鼠标指针在屏幕视窗上的二维位置坐标(x,y)及其左右键状态(leftstate,rightstate)通过一定的映射关系映射到三维场景的空间位置坐标(x,y,z)上。通过映射关系,二维指针坐标 x,y 轴分别映射到三维空间坐标 x,z 轴,三维空间中的 y 轴坐标通过鼠标左右键控制,当左键/右键按下时,y 值增加/减少。视点绕 y 轴旋转控制通过指针在屏幕 x 轴的运动方向决定,即当指针从屏幕自左向右运动时,视点顺时针旋转;反之视点则逆时针旋转。为了增强操作人员对场景漫游的可控性,系统采用了键盘与鼠标相结合的控制模式,即只有在按下某键的同时移动鼠标或按下左右键才能完成场景手动漫游。

快速定位功能的实现通过在程序中设置目标对象的观察位置和角度并响应用户输入事件来实现,该系统实现了工程中所有重要水建筑、设备的快速定位,极大方便系统操作人员对场景进行快速定位和漫游。

单路径/多路径自动漫游功能的实现是通过程序依次读入单个或多个记录有漫游位置坐标、旋转方向、采样点间时差和采样总时间的路径文件,实现场景自动漫游,无须人员干预,其路径文件数据记录的格式可以表示为(posx,posy,posz,rotx,roty,rotz,dtime,alltime)。对于多路径漫游,路径间的转换方式可以根据需要采用直接跳转或线性插值的方式实现视点的切换,本系统采用的是直接跳转方式。

2. 实时信息查询与显示

基于三维虚拟场景,系统实现了包括泵站和涵洞等在内的所有水工建筑、关键设备的实时信息查询,可以满足不同用户对工程的信息查询需求。用户在进行场景漫游或交互操作时,可以通过鼠标指针置于感兴趣的对象上,实时查询对象的名称、简介及其他属性。

对于不同的信息显示内容,我们分别采用了基于图片和基于文字两种不同数据源的信息显示方式。基于图片的显示方式主要适用于显示内容简单的情况(如仅仅显示对象的名称),该显示方式的实现基于写有对象信息的透明格式图片(如 *.gif 或 *.rgba 格式)通过纹理贴图到 OpenGL 绘制的矩形面上,并以场景对象直接绘制在计算机屏幕上;而基于文字的显示方式主要适用于显示内容复杂的情况,该显示方式通过将从文本文件获取的中英文字符信息以位图字或笔画字的形式加入到场景中进行实时绘制。

在显示效果方面,我们采用了两种不同的表现方式:一种是显示位置固定型,即信息始终显示在屏幕的固定位置上,如屏幕的中上方;另一种是指针跟踪型,即信息始终以鼠标指针当前位置作为参考进行实时显示。下面以指针跟踪型为例(图3-13)进行说明。

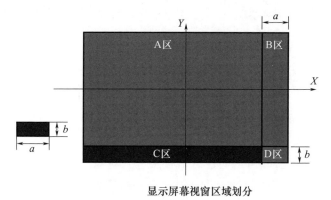

显示屏幕视窗区域划分

图 3-13 指针跟踪型信息显示

指针跟踪型要求信息跟踪指针位置进行实时显示,参考一般菜单显示方式,假设信息显示框的尺寸为 $a \times b$(长×宽)个单位,首先需要将二维屏幕视窗按图3-7所示划分为 A、B、C、D 四个区,并按如下实时判断逻辑即可完成信息显示:

(1) A 区中信息显示框正常显示在指针的右下方;

(2) C 区中,由于信息显示框的宽度大于该区域在 Y 轴上的值,若按指针右下方显示则会造成在 Y 轴方向上的信息不能完整显示时,规定信息显示框显示在指针的右上方;

(3) B 区中,由于信息显示框的长度大于该区域在 X 轴的值,若按指针右下方显示则会造成在 X 轴方向上的信息不能完整显示时,规定信息显示框显示在指针的左下方;

(4) D 区中,由于信息、显示框的长度和宽度分别大于该区域在 x 轴和 Y 轴的值,若按指针右下方显示则会造成在 X 轴和 Y 轴方向上的信息不能完整显示时,规定信息显示框显示在指针的左上方;系统实现的实时信息查询与显示效果如图 3 - 14 所示。

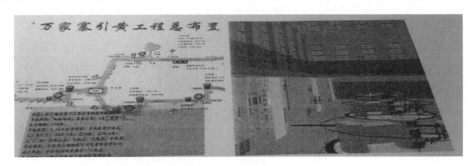

图 3 - 14 实时信息查询与显示

3. 场景实时交互操作

系统实现了以工程平面布置图和纵剖面图为背景的三维空间交互操作,可以通过图形化操作菜单在场景中对其进行上、下、左、右四个方向上的移动和前、后两个方向上的缩放,可以通过鼠标指针查询图中的泵站、涵洞等水工建筑物获得其详细的文字信息,并可以通过点击直接进入对象的下一层操作目录,获取更为详尽的文字、图片、视频信息,并可以对其进行虚拟漫游操作等。实时交互操作功能的实现过程主要经历在模型文件中命名操作对象节点、在虚拟场景中通过碰撞检测进行节点访问和节点事件操作三个步骤。实时交互操作功能的实现,增强了系统的交互性、灵动性和趣味性。

4. 三维动画展示

为了对工程关键设备、重要水工建筑物和重要系统进行拆分、组装、运行或展示等可视化演示,系统采用三维动画技术形象直观地对其进行了三维展示,实现方法为:以时间为序,以演示内容为纲,通过程序逻辑控制视点(位置和角度)、模型状态(显示或隐藏)、模型缩放、模型位置和模型角度的变化;模型文件的获得通过访问对象层次结构中节点实现;对于需要进行位移、缩放或选装的模型,对所操作的模型对象定义 DOF 节点。

5. 音、视频文件播放管理

随着技术的发展和表现手法的多元化,作为以可视化展示为主要目的视景仿真系统已经不仅仅局限于三维虚拟场景的绘制、显示和漫游,它需要借鉴其他的表现手法和表现手段来丰富系统的表现内容和提高系统的表现力。在视景仿真系统中采用虚实结合的手法,充分运用多媒体技术,将视频、音频、图表和三维虚拟场景等多种表现形态融合在一起,共同来完成对象的全方位展示,可以极大地丰富视景系统的表现内容和表现手段。根据系统设计目标,系统需要对工程背景、工程概况、施工过程、关键技术和工程效益等系统模块以及重要水工建筑的实景进行有效表现,通过以音视频为主要特征的多媒体技术可以很好地解决这一问题。

为了实现在虚拟场景中有机嵌入视频播放,系统采用 AVI(audio video interleaved)视频作为播放原始文件,利用 Win32 VFW、OpenGL 基本库和实用库实现对视频文件的图像信息进行读取、绘制和显示,并通过视景实时运行模块控制视频播放的起始/终止帧和播放速率,其实现效果示意如图 3-15 所示。在实现过程中,需要特别注意以下问题:

(1)在从 AVI 文件视频流中获得逐帧图像信息并以 R、G、B 格式实时绘制在 DIB 设备上时,由于在 Windows 中存储 R、G、B 颜色的顺序为 B、G、R,这与 OpenGL 读取 R、G、B 颜色的顺序相反,必须进行 R、B 颜色信息交换;

(2)为了提高交换速度,可以使用直接作用于硬件设备的汇编语言进行颜色交换。

图 3-15　多媒体技术在系统中应用效果示意(三通道)

对于音频实现,系统采用*.wav格式的音频作为播放原始文件,利用Multimedia Audio API实现对音频文件的读取,并采用基于系统功能模块、基于漫游路径和基于三维空间范围等多种手段实现对音频文件的播放管理。

对于音频与视频、音频与场景漫游、音频与演示动画实时同步问题,系统通过控制场景绘制帧数、基于模块功能细分音频文件来实现,基本实现系统声音、图像实时同步,取得了较好的演示效果。

6. 图形化界面操作

为了便于系统操作和模块选择,系统实现了基于虚拟场景的图形化操作界面,其效果如图3-16所示。该图形化界面的实现主要通过使用OpenGL在场景中绘制二维图形化按钮或菜单,通过系统实时运行模块对鼠标指针是否在按钮或菜单上发生按键操作而进行实时判断,一旦程序探测到发生按键操作,则程序自动触发与该按钮或菜单对应的程序模块进行演示。考虑到模块与模块之间存在着平级或上下级的关系,该方法通过定义菜单或按钮的不同级别来进行菜单分层控制,实现多级菜单绘制需要。图形化操作界面可自定义界面尺寸、纹理、样式、透明度和状态,为了实现鼠标指针在或不在其绘制区域内的两种不同状态的绘制,可以通过对按钮或菜单的纹理和透明度进行修改来实现,增强了图形化界面可视性和可操作性等特点。

图3-16 图形化操作界面在系统中的应用

7. 其他功能

系统还实现了自动播放和三通道显示等功能。

自动播放功能以事先编排好的演示方案为指导,将系统中不同模块按照逻辑关系进行有机的筛选和组织,实现自动、无干预的连续演示,实现对工程连续的、有序的全方位展示。

三通道显示功能基于socket的广播式网络通信来实现实时主控计算机的数

据发送和从控计算机的数据接收,发送和接收的数据主要包括视点位置、视点角度、对象属性(如状态、旋转角度、位移量等)以及用户自定义的控制数据,该项功能的实现,拓宽了三维场景显示视域,有助于增强系统的表现力和感染力。

3.6.4 系统特点

与其他同类仿真系统相比,该系统具有如下鲜明的特点:

(1)采用模块化设计与开发的思路实现系统功能模块,各个功能模块既相对独立又相互联系,模块与模块之间可以通过一定的逻辑关系按需进行组合;

(2)基于位置响应的图形化用户界面,系统实现了4个不同操作层次的用户界面,分别是启动界面、主控界面、站控界面和功能模块界面,增强了系统的可操作性和交互性;

(3)以音视频为主要特征的多媒体技术在系统中得到了广泛的应用,三维虚拟场景的表现内容得到有益补充,丰富了系统的表现内容和表现形式,增强了系统的表现力和感染力;

(4)基于图片和基于文字两种不同数据源的信息显示方式以及基于位置固定型和基于指针跟踪型两种不同表现效果在信息查询与显示功能中的应用,丰富了系统的表现形式,增强了系统的灵动性;

(5)系统采用DEM数据、遥感影像数据和地理特征矢量数据通过Terra Vista实现地形地貌模型的构建,并通过将MultiGen Creator等建模软件构建的场景对象有机地整合到系统三维场景中,实现了自建模型与数据生成模型的无缝融合。

3.6.5 结论

"引黄入晋"工程三维视景仿真系统不但传承了传统视景仿真系统的开发经验和开发模式,还通过自主创新,将以音视频为主要特征的多媒体技术和图形化操作界面引入视景仿真系统中,实现了视频、图表、音频、三维虚拟场景的"虚实结合",使系统的完整性得到进一步加强,极大地丰富了视景仿真系统的表现内容、表现手段和表现手法,增强了系统的表现力和震撼力,赢得了客户的好评。

第4章 成都市中心城区水环境管理及决策支持仿真系统

4.1 概 述

四川省省会成都市,是全省和西南地区的政治经济、科学文化、金融中心,交通和通信枢纽。它不仅是我国的历史文化名城之一,也是我国西南地区重要的大型中心城市。

随着社会、经济的持续发展,成都市在国内外的作用和地位不断提高。特别是随着我国"西部大开发"战略的实施,成都市委、市政府抓住大好的历史机遇,确立了"跨越式"发展战略,一批高新技术产业园区相继开发建设,新型生活小区如雨后春笋般拔地而起。特别是获得联合国人居奖的府河、南河综合整治工程,不仅极大地提升了成都市的城市形象,也创造了优越的投资环境和优质的生活环境,为城市的高速发展奠定了坚实的基础。

成都市降水丰沛,年均水资源总量为 304.72m³,其中地下水 31.58 亿 m³,过境水 184.17 亿 m³,基本上能满足成都市人民生活和生产建设用水的需要。主要特点是河网密度大,成都市有岷江、沱江等 12 条干流及几十条支流,河流纵横,沟渠交错,河网密度高达 1.22km/km²,加上驰名中外的都江堰水利工程,库、塘、堰、渠星罗棋布。

但是,随着社会经济的高速发展,水环境污染问题日益突出,中心城区府河、南河的水质有时会低于地表水Ⅴ类标准,严重制约了社会经济的持续发展。

为彻底改善城区水环境质量,市政府于 2002 年启动沙河综合整治工程的同时,制定规划,拟投入 60 亿元实施"中心城区水环境综合整治工程",决心经过 2~3 年的努力,使城区水环境达到规定的环境保护目标。然而环境污染因素复杂多变,决定了污染治理是一项长期、复杂的系统工程。造成成都市水环境污染的主要因素是什么?现有河流水量能否维持设定的水环境功能?拟规划实施的水环境综合整治工程的环境效果如何,能否达到预期目标?先进的系统仿真技术与现代环境科技相结合,通过对成都市水环境及各项治理工程的仿真模拟,能够对以上问题做出科学答案。

依据成都市中心城区水环境管理及决策支持仿真服务系统研究与开发任务书,中国航天科工集团与成都市环境科学研究院的专家们共同实施了成都市中心城区水环境综合整治仿真项目。

丁衡高院士、陈定昌院士、王子才院士、夏青教授、梁思礼院士、刘鸿亮院士、航天科工集团领导以及成都市有关领导参加了项目评查,给予了肯定。

4.1.1 项目由来

水是生命之源,在经济建设、社会发展和人民生活中占有极其重要的地位。合理开发利用水资源,防治水环境污染,是保持国家可持续发展的必要条件。受到污染的水环境需要通过工程手段治理。

成都市中心城区水环境综合整治工程是一项长期、复杂的系统工程,涉及因素多、影响范围广、投入资金大、建设周期长。工程的实际效果也要在长时间后才能完全体现。计算机仿真技术,对于复杂系统的模拟具有无可比拟的优势,它可以在变时间尺度下模拟工程治理效果的措施,因此将仿真技术应用到水环境综合整治工程中无疑对辅助政府决策、提高投资效率具有非常重要的作用。

在这一背景条件下,应成都市政府邀请,中国航天科工集团专家组于2002年7月至8月访问了成都市,并与成都市人民政府、成都市市容环境管理局、成都市环保局、都江堰环保局、成都市市政公用局、成都市规划管理局、成都市干道建设指挥部等单位的主要领导就成都市的环境保护和生态建设工作进行了交流洽谈并取得了共识。最终中国航天科工集团与成都市人民政府达成联合研制"成都市中心城区水环境管理及决策支持仿真系统"协议。

4.1.2 目的及意义

水环境综合整治是一项十分复杂的系统工程,是一项不允许完整试验的工程。对于这样复杂而又重大的系统工程,只有通过仿真技术研究,将其各环节、各因素、各种影响、各种关系进行仔细分析,并直观地将各种后续结果预测出来,使整个工程处于可预期的状态之中,才能够达到政府期望的效果,将工程风险降低到最低限度。

通过本研究,可以对影响城市水环境质量的各种因素进行系统分析,抓住问题的主要矛盾和关键所在,有针对性地指导实际工作,以减少工作的盲目性,提高工作的有效性。

仿真系统利用计算速度快、分析数据数量大的优点,可以模拟在不同条件下成都市中心城区水环境的不同结果,并将这些不同结果反馈于规划与设计之中,为工程的规划设计提供快速准确的参考信息,指导工程的优化设计。

通过本研究,建立成都市中心城区水环境管理及决策支持仿真服务系统,政府管理部门能够快速、准确、充分地了解和掌握有关水环境问题的信息,为政府科学决策提供依据和支持;该系统使科研人员方便地进行中心城区水环境相关问题的深入研究,实现社会资源共享,降低科研工作成本,提高工作效率;同时通过互联网络,对社会进行环境知识教育,普及环境保护概念,提高公众环境意识都具有十分重要的意义。

4.1.3　主要研究内容

(1)利用仿真技术预测《成都市中心城区水环境综合整治总体规划》工程治理方案实施以后,成都市出口监测断面能否达到国家地表水Ⅲ类水体标准;

(2)利用仿真技术筛选出中心城区主干河流的主要污染支流、控制单元中的主要污染企业,给出控制这些污染源的工程方案;

(3)以主干河流容量为基础,设计污染物排放的总量分担和控制;

(4)利用仿真技术模拟中心城区河流水质改善、景观体现和生态保护所需要的最低维持流量;

(5)利用仿真技术对城市污水处理厂处理规模、处理级别以及拟建污水处理厂的位置进行规划;

(6)利用仿真技术对污水处理厂外排水综合利用的可行性进行分析,评估对环境、景观和生态产生的影响;

(7)利用仿真技术对中心城区河流水体功能划分的合理性评判;

(8)利用仿真技术对《成都市中心城区水环境综合整治总体规划》的总目标进行有效性、可达性评估。

4.1.4　研究对象和范围

本项研究对象是成都市中心城区水环境,重点研究对象是府河、南河、沙河水环境经综合整治后的状态。

中心城区是全市的政治、经济和文化中心。中心城区划分为三个区：一环路以内为市中心区，面积为 28km^2；一环路与三环路之间区域为主城区，面积为 128km^2；主城区以外为环城区，面积为 442km^2。

成都市中心城内河道属于岷江水系，目前流经中心城的大中河道主要有府河、清水河、南河、沙河、江安河、摸底河、金牛支渠、沱江河、苏坡支渠、东风渠等，其余小河道都是由这些河道分水而成。据调查统计，成都市外环路以内主要河道共有 70 条，长 4012.8km。三环路以内的主要河道共计有 50 条。本项目主要研究范围将中心城府河的研究范围外延至双流县黄龙溪断面。

4.1.5 总体设计依据

（1）《中华人民共和国环境保护法》；
（2）《中华人民共和国水污染防治法》；
（3）《四川省岷江流域水污染防治规划》；
（4）《成都市城市总体规划》(1995—2020)；
（5）《成都市地面水水域环境的功能划分管理规定》；
（6）《成都市中心城水环境综合整治规划》；
（7）《成都市环境保护"十五"计划和到 2050 年长远规划》；
（8）《制定地区水污染物排放标准的水质规划方法》；
（9）《流域水污染物总量控制技术规范》。

4.1.6 实施方案

（1）按控制单元划分收集现有相关社会、经济、城市建设、人口、供水、用水等方面的资料，并对所收集的资料进行可靠性、有效性、准确性分析。

（2）按控制单元进行主要污染源排污量、排污种类、排放方式、排污口位置调查。

（3）地表水现状监测与历年监测资料进行修正识别。

（4）人口、经济、环境模型选择及关联分析。

（5）水体功能划分，控制单元确定。

（6）实验室和野外水团追踪法识别模型参数。

（7）分析环境容量和污染物消减量及分配方案。

（8）验证模型，分析误差，评估模型置信度。

(9) 建立水环境计算机仿真模型。
(10) 建立水环境仿真背景条件数据库。
(11) 编制各仿真分系统软件。
(12) 仿真系统软硬件集成。
(13) 情景分析仿真试验设计。
(14) 进行情景分析仿真试验。
(15) 分析试验结果,评估水环境综合整治工程效果。
(16) 分析、总结研究成果。
(17) 编写技术总报告。

4.1.7 技术路线

本项目以研究地区社会、经济、环境数据为基础,水环境数学仿真模型为核心,控制单元为对象,水环境污染物总量控制为目标,建立成都市中心城区水环境管理及决策支持仿真服务系统。

本项目将与成都市水环境控制管理部门和相关科研单位、高校以及国外相关科研单位和企业合作,开展研究、设计开发和相关试验。

航天科工集团主要负责系统顶层设计、相关仿真模型的研究与开发、系统软硬件集成和相关仿真试验的组织实施。成都市环境保护科学研究所负责原理模型的研究、相关数学模型的研究与试验、提供地方生态环境数据以及参加系统仿真试验。

本项目研究和工作的技术路线如图4-1所示。

4.1.8 项目的组织形式与结构

针对《成都市中心城区水环境管理及决策支持仿真系统》项目,成都市人民政府安排成都市环保局牵头组织,成都市规划局、成都市市容卫生管理局、成都市气象局、成都市市政公用局、成都市河道管理处、成都市干道建设指挥部等单位协调参与;中国航天科工集团作为项目承担和研制总负责方,成都市环境保护科学研究所作为项目协助承担方。

4.1.9 项目工作进度

总计划:开发研究期2003年1月—2004年6月。

整个研究工作将分两期进行,第一期的主要目标是建立府河、南河、沙河水污染仿真模型和数据库,基本完成系统总体构架和应用平台。第二期通过仿真模拟,对成都市水污染的治理工作进行分析评估。

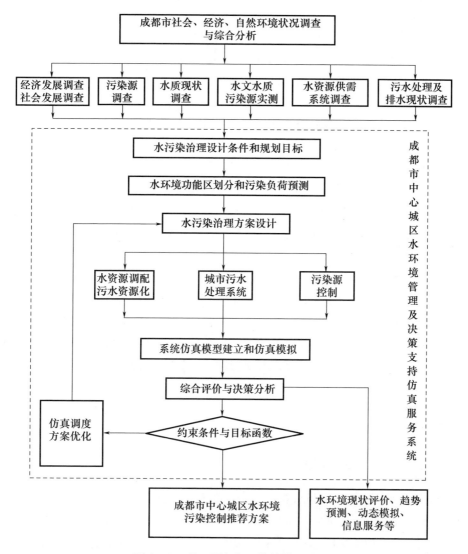

图4-1 项目研究和工作的技术路线

研究开发过程:

第一期:

2003年1—2月:系统总体设计;

2003年3—10月:基础数据库建设、系统模型研究;

2003年10—11月:模型试验运行、系统集成;
2003年12月:阶段报告编写、提交阶段研究成果。
第二期:
2004年1—4月:应用仿真系统进行仿真试验,评估水污染的治理和改善;
2004年5—6月:总报告编写、提交成果。

▶ 4.1.10 项目成果

(1)完成了覆盖成都市中心城区及主要输入输出断面的整套成都市水环境管理及决策支持仿真模型系统。

(2)建成了成都市中心城区水环境管理及决策支持仿真服务系统计算机软、硬件平台,包括水环境专业仿真平台、水环境GIS仿真平台、互联网水环境仿真平台、数据查询和分析平台。

(3)完成成都市中心城区水环境综合整治方案环境效果模拟及评估工作。其中包括:水环境治理措施的环境效果分析及水质达标预测,府河、南河、沙河水环境进一步治理措施优化方案的建议。

(4)总结了项目过程中形成的大城市复杂水系水环境建模、仿真、评估各阶段的关键技术。

4.2 成都市水环境调查与研究

▶ 4.2.1 水系概况

4.2.1.1 主干河流概况

成都市地处长江流域上游。辖区内和西南部为岷江水系,流域面积11076.6km^2,占全市总面积的89.4%。东北属沱江水系,流域面积1313.31km^2,占全市总面积的10.6%。岷江在都江堰分内江和外江。内江包括蒲阳河、柏条河、走马河、江安河四大支流。蒲阳河及柏条河的部分支流汇入沱江成为沱江重要上水源;其余河流流经成都平原的主体后汇入府河由黄龙溪出境,最后在眉山地区彭山县与岷江正流金马河汇合。外江水系包括黑石河、西河、斜江、南河、蒲阳河等,在新津县汇合于金马河后经岳店子出境。内江水系柏条河、走马河在流经城区时形成府河、南河、沙河,简称"三河"。中心城区主干河道主要有府河、南河、沙河、清水河以及江安河,如图4-2、图4-3所示。

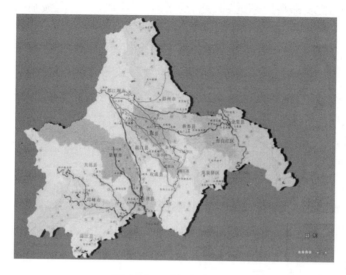

图4-2　成都市水系图

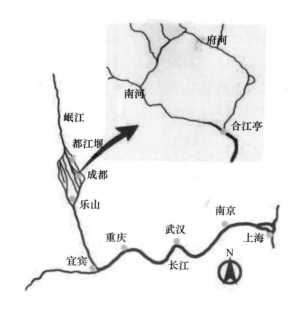

图4-3　成都府河、南河综合整治工程

1. 府河

府河源于郫县团结乡石堤堰,水泊为柏条河与走马河的支流徐堰河。自石堤堰往东南流,在成都市北郊走马河的左支流汇流后,到达沙河的分支点的洞子口闸。其后流经成都市区东北部,在合江亭与南河汇流。汇流后,改道向南,在永安大桥与沙河汇合,在成都市区南的三瓦窑出城,往西流去。途中江安河自右岸,在双流县黄龙溪出成都市管辖地,在彭山江口镇注入岷江干流。

2. 南河

南河又名锦江,是典型的城市中心河流。南河位于走马河的最下游断面,以清水下游端的龙爪堰为起点,由西向东穿过成都市市中心,在合江亭与府河汇流,全长6.7km。支流有摸底河和西郊河,两支河接纳了大量市中心西区的生活污水,河流功能主要是纳污、防洪。

3. 沙河

沙河是成都市工业用水和生活用水的供水河流,称为成都市"生命之河"。沙河是成都市洞子口的府河分水,经沙河取水闸与府河分支后向东而下,在府河学生大桥上游汇入府河,总长22.2km。沙河上游为成都市饮用水源保护地,自来水二厂、五厂位于该河段,其主要支流有杨泗河、凤凰河支渠;沙河中游为成都市工业集中用水地,成都热电厂、四川省制药厂、成都印染厂等用水排水大户集中于沙河中游,支流主要有石澎渠等。沙河下游水体功能为农田灌溉,其主要支流为小沙河。

4. 清水河

走马河流经郫县永兴乡两河口闸处,左支流在此分流,称沱江河。从两河口闸起,下游的走马河称作清水河。途经沿线大多为农业生态环境,清水河流到草堂寺附近的龙爪堰分水后,更名为"南河",清水河总长31.4km。其主要支渠为金牛支渠,将府河和清水河连通。

5. 江安河

江安河取水口位于走江闸,流经都江堰市、郫县、温江、金牛区、双流县,在双流县中兴场汇入府河。

4.2.1.2 水文特征

成都市中心城区主干河流为南河、沙河、府河。"三河"属都江堰灌渠水系,属人工调节性河流。一年中有两个明显枯水期,一为自然枯水期,另为都江堰岁修。近年来随着岷江上游水量的减少,中下游需水量的增大,一年中水量严重不足,枯水期供需矛盾尤为突出,府河、南河常处于断流状态。

都江堰灌区枯水期分配给成都"三河"的水量目前为$15m^3/s$,其中沙河作为成都市生活饮用水和工业供水河流,枯水期90%保证流量为9.0m³/s;南河枯水期保证流量0.3m³/s,府河市中心段枯水期保证流量0.5m³/s。"三河"枯水期流量见表4-1。

表4-1　成都市"三河"枯水期流量　　　　　　（单位:m³/s）

序号	主要河段	断面名称	最小月平均流量	90%保证流量
1	南河(汇入府河前)	安顺桥	0.7	0.3(有时断流)
2	沙河(下游段)	成仁桥	12.0	9.0
3	府河(南河汇入前)	大安街	3.2	0.5(有时断流)
4	府河(三河汇合后)	永安大桥	12.7	10.0
5	府河(江安河汇入后)	黄龙溪	20.7	15.0

4.2.1.3　水力特征

府河从石堤堰至洞子口乡大多流经农业生态区,河岸为自然土层护堤,河道断面形状为梯形;从洞子口至永安大桥处河段为典型的城市河流,河岸为条石混凝土河堤,河道断面形状为矩形;从永安大桥至黄龙溪河段,再次流经农业生态区,河岸为自然土层护堤,河道几何形状为梯形。府河市中心河段有人工橡皮坝三座。

南河是典型的城市河流,河堤为条石混凝土河堤,河宽均匀,河道形状为矩形,建有人工橡皮坝三座。

随着城市化进程的加快,沙河逐步演化为城市河流。目前沙河为自然土坡河堤,河断面的形状为梯形,河上有7处取水闸。伴随着沙河综合整治工程的实施,沙河水力特征将发生很大改变。

成都"三河"水力特征见表4-2。

表4-2　成都水文水力特征

	基准点	河流长度/km	河流宽/m	平均比降
府河	大安街		45.0	0.001
府河	永安大桥		41.0	0.001
府河	华阳镇		42.0	0.00097
府河	黄龙溪	45.0	50.0	0.00095
南河	安顺桥	6.7	50.0	0.001
沙河	成仁桥	22.2	25.0	0.0025

4.2.2 水质目标及水体功能区划分

水体功能划分是实现水环境综合整治开发、合理利用、积极保护、科学管理的依据。

4.2.2.1 水质功能划分依据

执行国家《地表水环境质量标准》(GB 3838—2002),依据地表水水域的使用目的和保护目标,水域功能划分为五类:

Ⅰ类:主要适用于源头水,国家自然保护区;

Ⅱ类:主要适用于集中式生活饮用水源地二级保护区,珍贵鱼保护区,鱼、虾产卵场等。

Ⅲ类:主要适用于集中式生活饮用水水源地二级保护区,一般鱼类保护区及游泳区。

Ⅳ类:主要适用于一般工业用水及人体非直接接触的娱乐用水区;

Ⅴ类:主要适用于农业用水区及一般景观要求区域。

4.2.2.2 水质目标

经过 2~3 年的艰苦努力,成都市中心城水环境将达到《成都市地面功能划分标准》的要求,成都市水源保护河段水质达到Ⅱ~Ⅲ类标准;府河、清水河、南河、沙河中下游丰水期水质达到Ⅲ类标准,枯水期水质达到Ⅳ类标准;城区的其余中、小河流水质达到Ⅳ类标准。

4.2.2.3 水体控制单元划分

根据中心城区水系特征,将主干河流分为 4 个污染控制单元,即清水河污染控制单元、南河污染控制单元、沙河污染控制单元和府河污染控制单元。

按照清水河、南河、沙河和府河河流汇流特点、行政区划和污染分布特点又将各控制单元再划分为 11 个控制子单元,成都市中心城区污染控制单元与子单元划分见表 4-3。

表 4-3 成都市中心城区河流控制单元与子单元划分

控制单元	控制子单元	控制断面	控制目标
I_1 清水河	I_{1-1} 绕城高速处至龙爪堰	龙爪堰	Ⅱ~Ⅲ

续表

控制单元	控制子单元	控制断面	控制目标
I_2 南河	I_{2-1} 龙爪堰至百花大桥	百花大桥	Ⅲ~Ⅳ
	I_{2-2} 百花大桥至安顺桥	安顺桥	Ⅲ~Ⅳ
I_3 沙河	I_{3-1} 洞子口至水五厂取水口	水五厂取水口	Ⅱ~Ⅲ
	I_{3-2} 水五厂取水口至杆塔厂	杆塔厂	Ⅲ
	I_{3-3} 杆塔厂至洗瓦堰	洗瓦堰	Ⅲ~Ⅳ
	I_{3-4} 洗瓦堰至成仁桥	成仁桥	Ⅳ
I_4 府河	I_{4-1} 高桥至大安街	大安街	Ⅲ~Ⅳ
	I_{4-2} 大安街至永安大桥	永安大桥	Ⅲ~Ⅳ
	I_{4-3} 永安大桥至江安汇合处	正兴江安河	Ⅲ~Ⅳ
	I_{4-4} 江安河至黄龙溪	黄龙溪	Ⅲ

4.2.3 成都中心城区水污染源调查

4.2.3.1 中心城区污染源现状

成都市"三河"主要功能为城市防洪。沙河上游是成都市重要的饮用水源保护地，中游为众多的企业提供用水，这些企业涉及化工、冶金、电子、电力、食品医药、建材等行业，另外，又成为这些企业废水纳污沟，因此沙河的污染十分严重。府河、南河流经成都市城区，是成都市两条重要的城市景观河流。但由于城市污水管网建设相对滞后，污水难以收集并进行处理，致使大量居民生活污水通过各种方式直接排放到河流之中，造成成都市中心城区之内的河流均被污染。

据统计，2000 年城区工业废水排放量 14344.57 万吨，其中排放化学需氧量 COD(chemical oxygen demand) 14928 吨，石油类 218 吨，硫化物 1.54 吨，铅 0.15 吨，镉 0.03 吨。

成都市城区河流除了接纳工业污染源外，还受纳了城区大量的生活污水源。据统计，2000 年城区生活废水排放量 22100 万吨，生活废水 COD 排放量为 13.26 万吨。

4.2.3.2 城区污染源调查

污染源是引起环境问题的根本所在，废水污染源的排放强度、排放种类、排放方式、排放时间、排放位置将对受纳水体的污染状况产生明显影响。掌握污染源资料,是项目研究的基础,提出对污染源的控制,是项目研究的目标。

为了充分准确地了解污染源的情况,项目研究中拟对重点工业污染源和生活废水污染源进行详细调查,并填写污染源排放清单。

工业污染源调查的基本信息:

(1)调查范围:成都市主城区范围内的工业企业。

(2)调查内容:调查内容包括企业名称、生产规模、废水排放量、排放持续时间、排放次数,废水中COD污染物浓度、特征污染物、废水治理措施、废水排污去向、受纳水体、排污口位置等。

(3)调查方法:以实际现场调查为主,参照其他相关资料。

(4)调查成果:资料统计整理,填写重点工业污染源排放清单。

生活废水调查的基本信息:

(1)调查范围和对象:成都市中心城区集中居民生活小区、医院、学校、机关办公等排污单位。

(2)调查内容:小区名称、位置、居住户数(人数)、有无化粪池、是否进入城市污水管网,受纳污水河道名称、排污口位置。

(3)调查方法:以现场调查为主。

(4)调查成果:资料统计整理,填生活污染源调查表。

4.2.4　成都市地表水水质现状

4.2.4.1　饮用水源保护地水质现状

与成都市中心城区关系比较密切的饮用水源保护地主要有成都市自来水六厂水源保护地和成都市自来水二厂、五厂水源保护地。自来水六厂取水口在郫县徐堰河,自来水二厂、自来水五厂取水口在成都市沙河上游,自来水二厂在上、自来水五厂在下,两厂相距约2km。根据成都市环境保护监测单位在"九五"期间对自来水六厂、自来水五厂两个取水口14个项目监测分析,自来水六厂取水口水质能够达到Ⅱ类水质标准,且未出现超标,自来水五厂取水口水质能够达到Ⅱ类水质标准,但大肠菌群出现超标。成都市的饮用水源达标率1996—2000年分别为98.0%、99.1%、99.2%、99.2%、99.2%。5年平均达标率为98.8%。说明成都市饮用水源水质情况整体良好。

城区饮用水源水质监测结果见表 4-4。

表 4-4 "九五"期间城区饮用水源水质监测结果

单位：mg/L 大肠菌群除外

断面	指标	pH	总硬度(德国度)	COD_{Mn}	非离子氨	硝酸盐氮	挥发酚	氰化物	砷化物	总汞	Cr^{4+}	Pb	Cd	氟化物	大肠菌群
自来水五厂	平均值	7.52	9.53	1.7	0.007	0.66	0.001	0.002	0.004	0.00002	0.004	0.004	0.008	0.204	10321
	样品数	30	30	30	30	30	30	30	30	30	30	30	30	30	30
	超标率%	0		0	0		0	0	0	0	0	0	0	0	26.7
	最低值	6.57	6.52	0.5	0.001	0.30	0.001	0.002	0.004	0.00002	0.002	0.004	0.008	0.132	5400
	最高值	8.12	17.87	4.1	0.018	1.82	0.002	0.002	0.004	0.00002^5	0.016	0.004	0.008	0.460	16000
自来水六厂	平均值	7.63	9.26	1.6	0.006	0.56	0.001	0.002	0.004	0.00002^5	0.005	0.004	0.008	0.150	7676
	样品数	30	30	30	30	30	30	30	30	30	30	30	30	30	24
	超标率	0		0	0		0	0	0	0	0	0	0	0	0
	最低值	6.59	71.20	0.4	0.001	0.19	0.001	0.002	0.004	0.00002^5	0.002	0.004	0.0008	0.080	2200
	最高值	8.12	346.40	3.6	0.018	1.78	0.001	0.002	0.004	0.00002^5	0.015	0.004	0.0008	0.253	9200

4.2.4.2 成都市城区主干河流水质现状

成都市中心城区主干河流为府河、南河和沙河（沙河上游为水源保护地），三条河流在成都市主城之外，水质都较好，都能够达到Ⅲ类水体标准要求。待河流进入主城区后（二环路以内），由于接纳了大量生活污水和工业污水，水质明显变差，三条河中下游水质都变为Ⅳ类、Ⅴ类，有时甚至恶化为劣Ⅴ类。

府河在洞子口以上水质较好，水质能够达到Ⅲ类水质标准，在洞子口下至环路西北桥，水质变为Ⅳ类水体，在西北桥以下至永安大桥，水质恶化为Ⅴ类水体，有时甚至恶化为劣Ⅴ类。

沙河中游自来水五厂取水口以下至跳蹬河，水质演变为Ⅳ类水体，跳蹬河至成仁桥汇入府河，水质变为Ⅴ类水体，有时甚至恶化为劣Ⅴ类。

南河上游为清水河，清水河在进入三环路之前，水质能够达到Ⅲ类水质标准，在进入三环路至龙爪堰，水质已变成Ⅳ类水体，龙爪堰后的清水河称为南河，南河水质已逐渐变为Ⅴ类水体，有时甚至恶化为劣Ⅴ类。

2000年城区河流各断面水质类别现状见表 4-5。

表4-5 2000年城区河流各断面水质类别现状

河流	断面	溶解氧	COD_{Mn}	BOD_5	非离子氨	亚硝酸盐	硝酸盐	挥发酚	CN^-	砷化数	汞	铬	铅	镉	石油类
府河	高桥	2	2	3	2	1	1	1	1	1	1	1	1	1	1
府河	大安街	4	5	6	4	2	1	5	1	1	1	2	1	1	3
府河	永安大桥	5	6	6	4	3	1	4	1	1	1	2	1	1	3
南河	百花大桥	4	5	5	4	3	1	5	1	1	1	2	1	1	3
南河	安顺桥	5	5	5	4	3	1	5	1	1	1	2	1	1	3
沙河	杆塔厂	3	2	4	2	2	1	1	1	1	1	1	1	1	1
沙河	成仁桥	5	6	6	4	4	1	5	1	1	1	2	1	1	3

注:1,2,3,4,5,6分别表示水质类别Ⅰ、Ⅱ、Ⅲ、Ⅳ、Ⅴ、劣Ⅴ。

"九五"期间,成都市城区地表水7个监测断面监测结果统计见表4-6。

表4-6 "九五"期间城区水质监测结果统计表

项目	出现超标断面数	测量范围/(mg/L),pH除外	超标率范围/%
pH	0	6.60~8.20	
DO	4	0.5~11.4	6.7~30
COD_{Mn}	5	0.5~22.8	10.0~23.3
BOD_5	6	0.3~21.1	30
非离子氨	1	0.001~0.203	
NO_2-N	0	0.007~0.764	
NO_3-N	0	0.13~4.05	
挥发酚	6	0.001~0.066	10.0~23.3
氰化物	0	0.002~0.005	
砷化物	0	0.004~0.012	
汞	0	0.00002~0.000024	
铬	0	0.002~0.047	
铅	0	0.004	
镉	0	0.0008	
石油类	7	0.02~4.73	3.3~6.67

由以上监测结果统计分析可以看出,城区河流水质指标中,溶解氧、高锰酸盐指数、生化需氧量、非离子氨、挥发酚、石油类等6个项目出现超标,其中溶解氧、高锰酸盐指数、生化需氧量、挥发酚和石油类等5个项目在50%以上断面都

有超标,生化需氧量和石油类超标率范围较大,表明城区地表水主要受到有机污染。

4.2.4.3 地表水不同水期污染特征

成都市城区河流为人工控制河流,半水期、平水期、枯水期流量变化较大,河流水质变化也较大,城区"三河"枯水期劣Ⅴ断面所占百分比为17%,丰水期为11%,丰水期水质相对较好。府河、南河、沙河在城区的7个断面枯、平、丰水期水质类别统计见表4-7。

表4-7 "三河"城区断面枯、平、丰水期水质类别统计

年度	枯水期					丰水期					平水期				
	Ⅱ	Ⅲ	Ⅳ	Ⅴ	劣Ⅴ	Ⅱ	Ⅲ	Ⅳ	Ⅴ	劣Ⅴ	Ⅱ	Ⅲ	Ⅳ	Ⅴ	劣Ⅴ
1996				2	5				2	5					7
1997					7					7				2	5
1998		1		6			1	5	1			1	1		5
1999		1	1	2	3	1		1	5		2		3	2	
2000	1		1	2	3	1		1	5		1	1	2	3	
合计	1	2	2	12	18	2	1	7	13	12	3	2	6	7	1.7
百分比					17					11					16

4.2.4.4 城区地表水污染特征及成因分析

2000年成都市城区地表水污染分担率见表4-8。

表4-8 城区"三河"污染分担率表

项目	BOD$_5$	COD$_{Mn}$	DO	石油类	挥发酚
分担率/%	22.7	15.0	9.8	9.3	22.0
项目	镉	铅	铬	三氮类	其他
分担率/%	3.7	3.5	7.2	3.7	3.0

从地表水污染分担率可以看出,城区地表水以有机污染为主要特征,四项有机污染生化需氧量、挥发酚、高锰酸盐指数和石油类污染分担率之和为69%,其中生化需氧量为22.7%,50%以上的断面生化需氧量只能达到Ⅴ类、劣Ⅴ类水平。这主要是城市河流受纳了大量城市污水的原因。

成都市府河、南河、沙河前三位污染指标见表4-9。

表4-9 城市"三河"主要污染指标

河流	年度	主要污染物指标排序		
		1	2	3
府河	1996	石油类	生化需氧量	高锰酸盐指数
	1997	石油类	溶解氧	生化需氧量
	1998	石油类	生化需氧量	高锰酸盐指数
	1999	生化需氧量	高锰酸盐指数	石油类
	2000	生化需氧量	高锰酸盐指数	溶解氧
南河	1996	石油类	生化需氧量	高锰酸盐指数
	1997	石油类	生化需氧量	溶解氧
	1998	石油类	生化需氧量	高锰酸盐指数
	1999	石油类	生化需氧量	高锰酸盐指数
	2000	石油类	生化需氧量	高锰酸盐指数
沙河	1996	石油类	生化需氧量	高锰酸盐指数
	1997	石油类	生化需氧量	高锰酸盐指数
	1998	石油类	高锰酸盐指数	生化需氧量
	1999	石油类	生化需氧量	高锰酸盐指数
	2000	生化需氧量	高锰酸盐指数	溶解氧

4.2.5 中心城区水环境综合整治规划内容及目标

4.2.5.1 成都市中心城污水排放现状

1. 污水管网系统现状

20世纪80年代以前,成都市城市建设主要集中在一环路以内,且规模较小,建成面积$28km^2$,受当时社会经济条件制约,城市基础设施建设相对滞后,因此该区域内的排水管网都以雨污合流的形式进行建设。80年代以后,城市逐步由一环路向二环路方向发展,在此期间建设的道路绝大部分按规划形成雨污分流道,特别是以去年三环路为代表。"五路"工程污水干管建成后,城市污水干管建成70%,相对而言,支管建设则不足40%,严重滞后。因此,成都市中心城区污水管网系统现状形成了一环路以外雨污分流为主,一环路以内雨污合污为主,主管建设较好,支管建设相对滞后的局面。

2. 污水分布现状

据调查,成都市中心城污水排放分布情况如下:全市污水排放总量为110万吨/日,其中:二环路以内约为82.91万吨/日,占75.37%;二环路以外约27.09万吨/日,占24.63%;一环路以内排放量为38.91万吨/日,占总排水量的35.37%。

另外,二环路至三环路之间每日排放的27万吨污水中,在邻近二环路的建成区,每天产生污水占15万吨,其中8万吨通过雨水管道或直接排入河中;另一部分远离二环路的部分建成区,由于绝大部分未形成污水系统及出路,三环路的管网尚未运行,致使每天产生的12万吨污水中约有10万吨临时排入河道。三环路以外的部分企业、小集镇,各有自备水源及小水厂供水,每天约排放3万~4万吨污水,未经处理,直接排入河道。

3. 污水处理现状

成都市目前仅建有一座污水处理厂——三瓦窑污水处理厂。其日处理能力为40万吨,一期处理能力为10万吨/日,处理工艺为传统二级生化处理;二期处理能力为30万吨/日,处理工艺为强化二级生化处理,占污水处理总量的36.4%,其余约70万吨污水(占污水总量的63.6%)通过各种方式排入各条河道之中。

城市污水管网系统建设滞后,污水难以收集,城市污水处理量小,处理能力低,是造成成都市河道水质污染的主要原因,也是成都中心城区水环境综合整治规划的关键所在。

4.2.5.2 污水治理规划目标

1. 污水治理总体战略目标

根据成都市城市总体规划,市委市政府要求全市统一行动,全力以赴,系统规划,综合治理,经过艰苦努力至2004年,使成都市城市综合污水处理率由目前的36%提高到60%,至2005年底城市综合废水污水处理率达到80%,力争使城市主要河道出口在丰水期(6~9月)符合国家地表水环境Ⅲ类水体标准,达到国内同类城市的先进水平,极大改善城市水环境和岷江流域水质,将成都建设成一个具有良好生态环境,体现历史和地方特色的现代化特大城市,实现社会经济的可持续发展,为全省水污染治理做出表率,以推动全省江河流域污染治理工作,为保护长江上游水质做出贡献。

2. 污染整治近期目标

到2003年底,一环路以内西半城的雨污分流管90%,约17.5万吨的污水不再直接排入河道,而顺污水管道排至三瓦窑污水处理厂(三期)厂址处下府河、城西河道水质及环境将有所改善。

到2004年底,一环路以内东半城的雨污分流管90%,约19.26万吨污水不再直接排入河道,而顺污水管道排至三瓦窑污水处理厂(三期)厂址下府河,市区各河道水质及环境将明显改善。

到2005年底,一、二环路之间管网形成,中心城区管网收集率达到85%,三瓦窑污水处理厂(一期、二期、三期)、乌龟碑污水处理厂、沙河污水处理厂、江安河污水处理厂4座污水处理厂投入运营,污水处理率达到80%,中心城区各条河流水质变清。

4.2.5.3 污水治理规划内容

1. 污水处理厂建设规划

中心城区污水划分为五大排水区域,每个排水区域建设不少于一个污水处理厂。污水处理厂建设规划见表4-10。

表4-10 规划污水处理厂建设一览表

排水划区	污水处理厂名称	建设分期	区域面积	服务面积/km²	2020年处理能力/(万吨/日)	处理后原水去向	污水处理厂级别
1	三河场污水处理厂	1 2	62	20	5 5	10	毗河下游	二级
2	龙潭寺污水处理厂	1 2	33	15	5 5	10	清水沟	二级
3	沙河污水处理厂	1 2			10 5	15	沙河	二级
3	乌龟碑污水处理厂	1	183	30	30	府河下游	二级
4	三瓦窑污水处理厂	1 2 3	130	130	10 30 35	75	府河下游	二级
5	航空港污水处理厂	1 2	132	105	20 16	36	江安河下游	二级
5	江安河污水处理厂	1 2			10 10	20	清水河	二级
5	高新西区污水处理厂	1			4	4	江安河	二级

2. 污水管网建设规划

对五大排水区域,每个区域设置一条或二条主干管通向污水处理厂,管径

D800~D2400。污水管网支管建设规划控制指标为一环路以内 12km/km², 一环路至二环路 10km/km², 二环路以外 9km/km², 支管建设规划见表 4-11。

表 4-11 支管建设规划

范　围	围合面积	规划支管长度（含 12m 以下小路）
一环路以内	28.315km²	339.78km
一、二环路之间	31.852km²	318.52km
二、三环路之间	132.675km²	1194km

3. 污水利用规划

为解决成都市水资源在短时间分布不均，并与农业用水矛盾较大，污水综合利用及回收等有效的措施。污水治理工程对污水综合利用及回收规划如下：

（1）三瓦窑污水处理厂（二期）30 万吨污水处理达标后，用 DN1800 压力管输送到 13km 外的南河上游，补充南河河道景观用水，该工程现已完成。

（2）沙河污水处理厂 10 万吨污水经处理达标后直接排入沙河中游，补充沙河中、下游景观用水。

（3）江安河污水处理厂 10 万吨污水处理达标后，铺设管道进清水河，补充清水河道景观用水。

4.3 系统模型建立与建模方法

系统仿真有三个基本活动，建立系统模型、建立仿真模型和仿真试验。建立系统模型，是仿真的基础和核心。

4.3.1 社会、经济发展模型

1. 人口增长模型

人是社会的基本组成部分，人是社会生产和消费的主体，故人口因素是环境影响的重要参数。收集近十多年的人口资料数据，采用我国人口预测常用的试验，预测成都市近、中、远期的人口动态变化。模型的基本形式为

$$N = N_{t_0} e^{k(t-t_0)}$$

式中　N_t——t 年人口总数；

N_{t_0}——$t=t_0$ 年时，即预测起始年的人口基数；

k——人口增长系数。

2. 经济发展模型

国内生产总值是指一定时期内所产生的最终物质产品和服务的价值总和,国内生产总值与环境有密切关联。通过大量数据的回归分析,我国国内生产总值预测的常用经验模型的形式为

$$Z_{Gt} = Z_{Gt_0}(1+a)^{t-t_0}$$

式中 Z_{Gt}——t 年的 GDP 数；

Z_{Gt_0}——t_0 年的 GDP 数；

a——GDP 年增长率。

不同经济发展水平与环境状况是不同的,经济发展与污染物宏观总量存在定性关系。确定合理的排污系数(如单位产品和万元工业产值排污量)和弹性系数(如加工废水排放量与工业产值的弹性系数),可预测某预测年经济发展水平时,污染物排放总量。

4.3.2 水污染源模型

4.3.2.1 工业废水排放量模型

水污染源分为工业废水排放源和生活污水排放源两大类。年工业废水排放量为

$$W_t = W_0(1+r)^t$$

式中 W_t——预测年工业废水排放量；

W_0——基准年工业废水排放量；

r——工业废水排放量年平均增长率；

t——基准年至某水平年的时间间隔。

4.3.2.2 工业污染物排放量模型

工业污染物排放量模型如下：

$$W_i = (q_i - q_0)\rho_{B_0} \times 10^{-2} + W_0$$

式中 W_i——预测年某种污染物排放量(吨)；

q_i——预测年工业废水排放量(万吨)；

q_0——基准年工业废水排放量(万吨)；

ρ_{B_0}——废水中污染物浓度(mg/L)；

W_0——基准年某污染物排放量(吨)。

4.3.2.3 生活污水排放量模型

生活污水排放量模型如下:
$$Q = 0.365AF$$
式中　Q——生活污水量;
　　　A——预测年份人口数(万人);
　　　F——人均生活污水量(L/d·人);
　　0.365——单位换算系数。

4.3.2.4 生活污染物排放量模型

生活污染物排放量模型如下:
$$B = C_i Q$$
式中　B——生活污染物排放量(t);
　　　C_i——生活污水中 i 种污染物浓度(mg/L);
　　　Q——生活污水排放量(百万吨)。

4.3.3 水质预测模型

水质预测模型的方法可分为水质相关法和水质模型法两类,水质相关法为统计模型,水质模型法为机理模型。选用模型的标准是:使模型的形式与问题的性质相适应;只要解决问题,模型的形式越简单越好。

4.3.3.1 水质相关法

水质相关法是指在水质参数与影响该水质参数的主要因素之间建立相关关系,以此作为进行水质参数预测的方法,常用的方法有水质流量相关法模型、水质灰色预测模型、水质多元回归模型。水质相关法是确定排污源或影响因子与环境之间输入相关关系常用的方法。

4.3.3.2 水质模型法

水环境污染预测最基本的问题就是要找出污染排放变化与水体控制点处的污染物浓度的定量关系。水质模型是一种机理模型,该方法是常用的水质模型预测方法。

模型选择如下:

(1) 成都三河有明显区域特点,一环路以内市中心区,关联河流有府河的上游河段(洞子口至大安街)和南河。府河上游段为 10.8km,南河全程为 6.7km。河流较短,可不考虑污染物降解。河道有多处橡皮坝,当污染物进入河流中经过橡皮坝跌水可完全混合。适合的河流水质预测模型如下式:

$$P_B = (Q_{V0}P_{B0} + Q_V P_{Bi})/(Q_{V0} + Q_V)$$

式中　P_B——河流下游断面污染物浓度(mg/L);

Q_{V0}——河流上游断面河水流量(m^3/s);

P_{B0}——河流上游断面污染物浓度(mg/L);

P_{Bi}——旁侧流入废水中的污染物浓度(mg/L);

Q_V——旁侧废水流量(m^3/s)。

(2) 一环路与三环路之间区域为主城区,主要关联河流为府河(大安街至永安大桥)、沙河和清水河。沙河河长 22.2km,是集中饮用供水、工业供水、农业灌溉河流。沙河中游为工业集中区,污染排放口多。沙河河流工业建筑多,河流水文、水力特征变化大;府河(大安街至永安大桥)河长为 5.2km,河流长度很短,不考虑污染物降解。沙河和府河大安街至永安大桥段水质预测同样采用完全混合模型。

(3) 主城区以外为环城区,河流为府河。府河下游经三瓦窑出主城区,经黄龙溪出成都市管辖区,最后进入岷江。三瓦窑至黄龙溪全程 30km,河宽较窄,为 20m。污染物主要为有机污染源,输入量较稳定。府河三瓦窑处已接纳了南河、沙河的污染负荷,河流水质混合均匀,因此采用 S—P 模型。S—P 模型的解析式如下:

$$L = L_0 e(-k_1 t/u)$$

$$D = \frac{K_1 L_0}{K_2 - K_1}[e^{-k_1 t} - e^{-k_2 t}] + O_0 e^{-k_2 t}$$

$$O = O_s - D = O_s - \frac{K_1 L_0}{K_2 - K_1}[e^{-k_1 t} - e^{-k_2 t}] - O_0 e^{-k_2 t}$$

式中　L_0——河段起点的 BOD_5 浓度(mg/L);

O_0——河段起点的 DO 浓度(mg/L);

L——距河段起点流行时间为 t 的河段终点处的 BOD_5 浓度(mg/L);

O——距河段起点流行时间为 t 的河段终点处的 DO 浓度(mg/L);

K_1——有机物耗氧速率;

D——河流氧亏;

K_2——河流的复氧速度;

O_S——河流的饱和溶解氧浓度;

X——河段长度(km);

U——平均流速(km/天)。

4.3.4 水环境容量模型

水环境容量是水域使用功能不受破坏条件下,受纳污染物的最大数量。通常将给定水域范围、给定水质标准、给定设计条件下,水域的最大容许纳污量拟作水环境容量。水环境容量是自然水环境的基本属性之一,由自然环境特性和污染物质特性所共同确定。

水环境容量由稀释容量与自净容量两部分组成,分别反映污染物在环境中迁移转化的物理稀释与自然净化过程的作用。只要有稀释水量,就存在稀释容量。只要有综合衰减系数,就存在自净流量。通常稀释容量大于自净容量。在河流短、净污比大于 10~20 倍的水体,可仅计算稀稀容量。本项目水环境容量模型只考虑稀释容量。水环境容量按下式计算:

(1)单点源排放情况下:

$$W_C = S \cdot (Q_p + Q_E) - Q_p \cdot C_p$$

式中 W_C——水域允许纳污量(g/s);

S——控制断面水质标准(mg/L);

Q_p——上游来水设计水量(m^3/s);

Q_E——污水设计排水量(m^3/s);

C_p——设计水质浓度(mg/L)。

(2)多点源排放情况下:

$$W_c = S \cdot (Q_p + \sum Q_{E_i}) - Q_p \cdot C_p$$

式中 Q_{E_i}——第 i 个排污口污水设计排放流量(m^3/s);

4.3.5 输入响应模型

建立污染源与保护目标间的输入响应模型,需要按照功能区水质标准要求和确定的不同范围的混合区,在不同水质达标保证率下,根据保护目标所能容纳的污染物总量,确定各污染源排污口或各污水处理厂外排口允许的排污总量;确定各污染源排出单位污染物量对目标的影响系数;根据污染源对目标影响的浅性叠加原理,进行污染源对环境目标的影响评价;回应控制不同污染源对环境质量的改善程度。若共有几个污染源,其对污染源的影响用数字表达式如下:

$$d_R \sum a_i x_i \quad (i=1,2,\cdots,n)$$

式中　d_R——控制断面 R 的污染物浓度(mg/L);

　　　a_i——污染源输入单位污染量在断面引起的浓度响应值;

　　　x_i——i 污染源排放污染物总量。

▶ 4.3.6　参数估计

模型识别中,参数估计是极为重点的建模方法。模型的使用精确性和可靠性直接与参数估计正确性相关。

1. 设计流量 Q

成都"三河"为都江堰人工调节性能河流,有连续7天最枯流量和90%保证率枯水流量。枯水期府河上游段、南河河流均基本断流,河流丧失景观体现以及生态保护功能。以保证河流的基本功能所需的最低维持流量,作为设计流量。

2. 河流流速 V

计算河流控制单元平均流速采用谢才公式。谢才公式如下:

$$V = C\sqrt{Rj}$$

式中　V——河流过水断面平均流速(m/s);

　　　C——谢才系数;

　　　j——河道水力坡度;

　　　R——水力半径(m)。

计算谢才系数公式很多,最常用的是曼宁公式。曼宁公式如下:

$$C = 1/N$$

式中　N——河流糙率。

3. 降解系数 K_1

K_1 参数估计方法大体可以分为两大类:一类是实验室的确定方法;另一类是现场测量数据的计算方法。

(1)实验室方法。用实验室的实验数据确定 K_1 的基本方法是对所研究河段的水体取样,进行 BOD 的过程实验,常用的识别计算方法有最小二乘法和两点法。

(2)野外测量数据估计方法。由于河流是一个十分复杂的体系,而实验室不可能完全模拟河流的实际情况,所以实验室内测定的参数值与实际参数值有较大的差别。一般说来,实验室内测定的参数小于河流体系的实际参数值。为了克服这个问题,可以从野外测量数据来估算模式参数。常用的识别计算方法有:牛顿法近值求解法、始末两点法、非线性数值逼近法。

此外,降解系数可以采用多参数估计方法,计算方法常用最速下降法。

4. 大气复氧系数 K_2

K_2的确定方法主要有经验公式、昼夜加浓度变化法、多参数识别方法。经验公式很多,可以从中对比选出适合当地的大气复氧系数经验公式。昼夜加浓度变化法是一种野外测量方法,采用最小二乘法计算估值。多参数识别是常用的求解方法,识别技术采用最速下降法。

5. 人口经济模型数 k_a

人口经济模型是统计模型,模型系数识别方法为数值逼近法。

6. 水污染物排放量预测参数

(1)工业废水排放量年平均增长率 r。预测工业废水排放量的关键是求出 r 值,如果资料比较充足时可采用统计回归方法求出值;如果资料不太完善,则可结合经验判断方法估计 r。

(2)人均生活污水量 F。人均生活污水量采用国家有关标准手册值,同时监测典型区域生活污水排放总量估计。

▶ 4.3.7 模型验证

尽管每一个模型参数,都有很多测定和估计计算方法。但是在实际工作中,这些参数的数值都必须经过检验,根据不同时期的水质监测实测资料,进行校核或模型验证,分析其误差。若误差在允许范围内,即可在实际中应用。

4.4 仿真试验设计

第3章建立了水环境仿真的数学模型,在建立仿真系统之前需将这些数学模型用计算机语言进行描述,即建立仿真的二次模型,然后进行系统集成,最后在仿真系统上进行仿真试验。

▶ 4.4.1 仿真试验的内容和特征

这里研究的核心问题是成都市中心城区水环境所面临的亟待解决的问题。具体内容包括以下几点:

（1）利用仿真技术预测《成都市中心城区水环境综合整治总体规划》工程治理方案实施以后,成都市出口监测断面能否达到国家地表水Ⅲ类水体标准;

（2）利用仿真技术筛选出中心城区主干河流的主要污染支流、控制单元中的主要污染企业,给出控制这些污染源的工程方案;

（3）以主干河流容量为基础,实行污染物排放的总量分配和控制;

（4）利用仿真技术模拟中心城区河流水质改善、景观体现和生态保护所需要的最低维持流量;

（5）利用仿真技术对城市污水处理厂处理规模、处理级别以及拟建污水处理厂的位置进行规划;

（6）利用仿真技术对污水处理厂外排水综合利用的可行性进行分析,评估对环境、景观和生态产生的影响;

（7）利用仿真技术对中心城区河流水体功能划分的合理性评判;

（8）利用仿真技术对《成都市中心城区水环境综合整治总体规划》的总目标进行有效性、可达性评估。

归纳以上研究内容,仿真试验应该包括以下四类:

（1）固定设计流量,削减污染源排放量,计算水质参数;

（2）已知控制断面水质参数,固定设计流量,计算污染源的削减量;

（3）已知控制断面水质参数,固定污染源排放量,计算河流需水量;

（4）根据人口和排污模型,计算对应区域的人口容量。

将系统仿真的方法应用于水污染治理项目上,具有以下特点:

（1）以可视化技术为基础,可以形象、直观、全面地显示各河段的水质状态,能够方便决策者和科技人员对总体污染状态进行了解和把握;

（2）能够根据污染源和水量的变化动态模拟水质变化过程;

（3）能够对不同水量、污染源的输入状态作出快速、及时的反应,直接模拟出对应的水质结果,并能对不同输入状态下的水质表现进行形象的比较;

（4）通过系统仿真模型的建立,可以充分考虑各关联因素的影响。只有了解了多种关联因素的输入响应关系,才能使决策更合理,避免不必要的投资浪费;

（5）当黄龙溪出口断面水质超标时,能够快速提出污染源削减优化方案;

（6）可以对污水处理厂的建设位置、容量和处理效率提出规划和调整的建议。

4.4.2 仿真试验的技术原理

系统仿真是通过建立和运行系统的计算机仿真模型,来模仿实际的运行状态及其随时间变化的规律,以实现计算机上进行试验的全过程。在这个过程中,通过对仿真运行过程的观察和统计,得到被仿真系统的仿真输出参数和基本特性,以此来估计和推断实际系统的真实参数和真实性能。

系统仿真为分析人员和决策人员提供了一种有效的实验环境,模型的仿真运行得到其"实施"结果,从而可以从中选择满意的方案。

下面具体论述系统仿真的实施过程:

1. 问题的描述与定义

系统仿真是面向问题的而不是面向整个实际系统,因此,首先要在分析、调查的基础上,明确要解决的问题以及要实现的目标。确定描述这些目标的主要参数(变量)以及评价准则。根据以上目标,要清晰地定义系统边界,辨识主要状态变量和主要影响因素,定义环境及控制变量(决策变量)。同时,给定仿真的初始条件,并充分估计初始条件对系统主要参数的影响。

2. 建立仿真模型

模型是关于实际系统某一方面本质属性的抽象描述和表达。建立仿真模型具有其本身的特点,它是面向问题和过程的。在离散系统仿真建模中,主要应根据随机发生的离散事件、系统中的实体流以及时间推进机制,按系统的运行进程来建立模型;而在连续系统仿真建模中,则主要根据系统内部各个环节之间的因果关系、系统运行的流程,按一定方式建立相应的状态方程或微分方程来实现仿真建模。

3. 采集输入数据

为了进行系统仿真,除了必要的仿真输入数据以外,还必须收集仿真初始条件及与系统内部变量有关的数据。这些数据往往是某种概率分布的随机变量的抽样结果,因此需要对真实系统的这些参数,或类似系统的这些参数作必要的统计调查,再通过分布拟合、参数估计以及假设检验等步骤,测定这些随机变量的概率密度函数,以便输入仿真模型实施仿真运行。此外,对于某些动态模型,其历史数据的收集还可帮助进行误差检验和模型有效性检验。

4. 确认仿真模型

在仿真建模中,所建立的仿真模型能否代表真实系统,这是决定仿真成败的关键。按照统一的标准对仿真模型的代表性进行衡量,这就是仿真模型的确认。

目前常用的是三步法确认,第一步由熟知该系统的专家对模型作直观和有内涵的分析评价;第二步是对模型的假设、输入数据的分布进行必要的统计检验;第三步是对模型做试运行,观察初步仿真结果与估计的结果是否相近,以及改变主要输入变量的数值时仿真输出的变化趋势是否合理。

5. 编程实现与验证

在建立仿真模型之后,就需要按照所选用的仿真语言编制相应的仿真程序,以便在计算机上作仿真运行试验。在模型规模较大或内部关系比较复杂时,还需对模型与程序之间的一致性进行检验。通常均采用程序分块调试和整体程序运行的方法来验证仿真程序的合理性,也可采用对局部模块解析计算与仿真结果进行对比的方法验证仿真程序的正确性。

6. 设计仿真试验

在进行正式仿真运行之前,一般均应进行仿真试验框架设计,也就是确定仿真试验的方案。这个试验框架与多种因素有关,如建模仿真目的、计算机性能以及结果处理需求等。通常,仿真试验设计包括仿真时间区间、精度要求、输入输出方式、控制参数的方案及变化范围。

7. 运行仿真模型

经过确认和验证模型就可以在试验框架指导下,在计算机上进行运行计算。在运行过程中,可以了解模型对各种不同的输入及各种不同的仿真方案的输出响应情况,通过获得所需试验结果和数据,掌握系统的变化规律。

8. 输出与分析仿真结果

对仿真模型进行多次独立重复运行可以得到一系列的输出响应和系统性能参数的均值、标准偏差、最大和最小数值及其他分布参数等。但是,这些参数仅是对所研究系统作仿真试验的一个样本,要估计系统的总体分布参数及其特征,还需要在仿真输出样本的基础上,进行必要的统计推断。

▶ 4.4.3 仿真试验的过程设计

1. 水污染仿真试验的基本描述

在第 3 章中介绍了仿真系统应用的各种模型,其中人口模型和经济模型是为了预测在未来的一段时间内对污染负荷的贡献,因为人口和经济的增长必然导致污染负荷的增加。污染源模型是解决污染负荷量的问题;环境容量模型是解决最大允许纳污量及总量控制问题;输入响应模型是解决污染源削减量分配问题。水环境仿真的核心是建立水质预测模型,它能预测不同水量和污染源状态下水质的变化。水质预测模型是一个多输入、多输出系统,如图4-4所示。

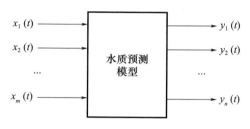

图4-4 水质预测模型

$x_1(t), x_2(t), \cdots, x_m(t) \in X$ 为输入变量,$y_1(t), y_2(t), \cdots, y_n(t) \in Y$ 为输出变量。对于本仿真系统来讲,X 为水文数据、污染源数据和环境数据,Y 为我们所关注的各控制断面的水质数据。在水质预测模型中,输入部分中的河道分段状态和控制断面分割是固定的参数,污染源、水量、水力参数等需根据实际状态或想定状态的变化而变化。

具体的输入、输出可描述如下:

输入:

(1)府河、南河、沙河及主要支流的流量数据;

(2)污染源数据;

(3)重点工业企业排污口位置、排污方式、污染物种类和污染负荷;

(4)城市污水处理厂排污口的位置、排污方式、污染物种类和污染负荷;

(5)水力参数:河岸斜率、河底糙率、宽度、河口断面形式、比降等;

(6)环境参数:水质本底浓度、各控制单元水质输入浓度、水温、预测因子;

(7)历年人口统计数据和工业总产值统计数据。

输出:在设计流量下,水质的模拟结果。

水质模型输入变量中,最重要的是水量和污染源数据。但水量和污染源的量测数据具有统计特性,因此不能直接运用单次量测数据作为水质仿真系统的输入,否则会造成系统输出的不准确。需要仔细分析水量和污染源的量测数据,统计出其均值和标准差。输入的水量和污染源数据在一个带状分布上。在带状分布中,枚举各种输入状态,带入水质预测模型,就可以得到水质参数的分布。当水量采用最大值,污染源采用最小值计算时,输出水质参数还不能达到规定标准,就需要进行水污染治理,它是进行水污染治理的必要条件。

水污染治理无非有三种方式:削减污染源排放量、增加来水水量和建设污水处理厂。无论是哪种方式,对模型输入的影响均是增加水量均值或减小污染物排放量均值。经分析和计算,可以得到另一组水量和污染源的分布带,带入水质模型可以得到水质参数的另一种分布。

在水质输出上还要做一部分工作,就是将输出水质参数转化为对应的水质达标状态。

2. 仿真试验过程设计

在参数识别和模型校验的基础上,本项目的仿真试验应该分为三个过程:

(1)首先建立水环境仿真的水质模型,输入为各河段对应的污染源和水量,输出为各河段和各控制断面的水质的参数(如 DO、COF、TP、有毒有害物质等)。水质仿真模型采用稳态模型,在这个模型的基础上,根据水量和污染源的不同状态,进行大量的仿真试验,得到对应的水质参数。

(2)对治污工程的效果进行分析:建立对应的转化模块。具体地讲有两类转化模块:一类是输入部分的转化模块,将治污工程的结果转化为对应的入河口污染源排放的时间序列和水量增加量;另一类模块是输出部分,将水质参数转化为对应的水体达标状态数据。

(3)控制断面水质参数超标时,改变输入各河段水量和污染源的均值和方差,并运用枚举的方法,直到计算出的控制断面的水质达到标准为止。这里可能出现两类(多种)结果:一是水流量不变,各污染源的削减量应控制到多少;二是在现有污染源状态下,水量应增加多少。最后根据投资效益分析,评价出哪种方案最合理。

3. 具体的仿真试验

(1)固定设计流量,变化污染负荷量,计算控制断面水质。例如:评估《成都市中心城区水环境综合整治总体规划》工程治理方案实施后,成都市府河出口黄龙溪控制断面水质在 2004 年是否达到国家地表水 Ⅲ 类标准。

系统输入:设计流量、现有污染负荷、工程治理措施、2004 年人口增加量和工业产值增加量;

系统输出:黄龙溪出口断面水质达标情况;

所用模型:人口经济模型、污染源模型、水质预测模型。

仿真试验流程图如图 4-5 所示。

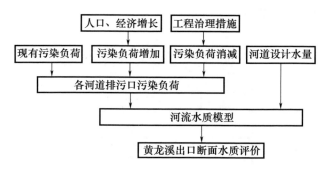

图4-5 仿真试验流程图1

(2)已知控制断面水质参数,固定污染源排放量,计算河流需水量。例如:计算黄龙溪水质达标时,都江堰最低调水量。

系统输入:黄龙溪达标水质指标、现有污染负荷;

系统输出:都江堰最低调水量;

所用模型:污染源模型、水质预测模型。

仿真试验流程图如图4-6所示。

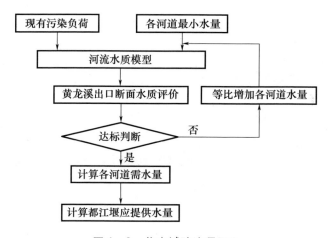

图4-6 仿真试验流程图2

(3)已知控制断面水质参数,固定设计流量,计算污染源的削减量。例如:当有工程方案不能满足水质达标时,提出水污染治理工程改进方案或补救措施。

系统输入:工程治理措施后的污染负荷、河流设计流量;

系统输出:各排污口污染负荷的削减量;

所用模型:污染源模型、水质预测模型、输入响应模型;

仿真试验流程图如图4-7所示。

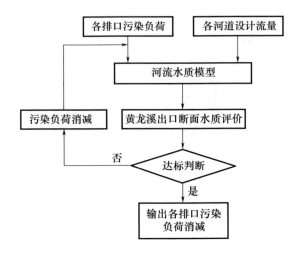

图4-7　仿真试验流程图3

注:污染负荷的削减方案要在一定的约束条件下给出;污染负荷削减会得到多套方案,最终根据投资效益比给出最佳方案。

(4)水环境可视化。在仿真系统的可视化中,输入输出部分的界面如图4-8~图4-10所示。

图4-8　基于GIS的动态仿真

第4章 成都市中心城区水环境管理及决策支持仿真系统

图4-9 基于GIS的水环境评价

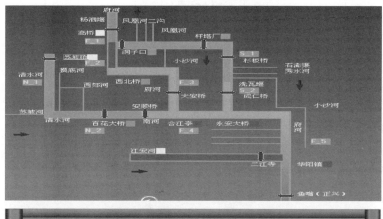

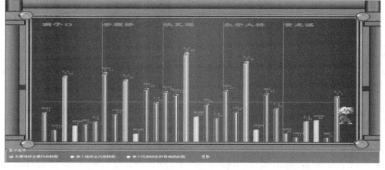

图4-10 基于概化图的水环境评价

4.5 系统软件架构和硬件配置

4.5.1 系统软件架构

1. 三层架构

仿真平台的架构采取"服务器—中间件—客户端"架构(图4-11)。服务器的任务是保存信息,承担繁重的计算任务;中间件的任务是完成信息的转化,并实现业务逻辑;客户端的任务越少越好,最简单就是浏览器。这里将采用"服务器—客户端"两层结构与"服务器—中间件—客户端"相结合的构造模式。

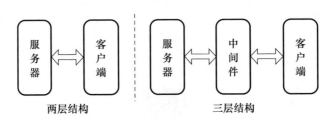

图4-11 仿真平台架构

2. 系统构造

系统构造的过程是"功能设计—软件结构设计—硬件结构设计"。

1)系统功能设计

设计仿真系统软件模块和结构的依据是系统应实现的功能,作为支持管理和决策的成都市中心城区水环境仿真服务系统,应当具备以下几方面的功能:

(1)数据存取和管理功能。从水环境的数学模型可以知道,水质仿真涉及的数据不仅量大,而且范围宽。主要有地理信息数据、水文气象数据、环境监测数据、污染源数据、工程措施数据等。水质仿真的参数和结果都产生大量数据。这些数据必须被有效地组织管理,并提供高效的输入输出接口,才能发挥真正的作用。因此,系统应具有高性能的数据库系统,并配套数据导入、导出、查询、分析软件。

(2)模型运算功能。水质仿真包含大量的运算任务,主要的运算有污染源计算、水资源计算、水质要素计算、统计分析计算、结果可视化计算等。因为涉及的模型众多,而且随着研究水平的提高和数据的完善,模型可能会增加或调整,所以必须采用模块化的结构。根据计算机技术和网络技术的发展,将以服务器的形式实现模型的计算。

（3）人机交互功能。系统应提供人性化的界面，以及方便快捷的软件工具，帮助用户完成查询数据、预测趋势、模拟运算等任务。实现人性化的交互功能主要依靠三个方面：

友好的界面：提供向导帮助用户完成任务；

丰富的工具：数据分析、参数设定等工具；

可视化输出：基于 GIS 等图形手段展示大量数据的真实含义。

（4）系统管理功能。作为大型决策支持仿真服务系统，软硬件结构复杂，可能同时有多用户工作，涉及的数据量巨大，必须有一个基本的系统管理功能。主要有：用户管理功能、系统配置功能、系统运行状态监视功能。系统功能表如表 4 – 12 所列。

表 4 – 12　系统功能表

模拟计算功能	社会经济、污染源模拟功能
	水质模拟、预测功能
	评价、优化和比较功能
	模型调度功能
	数据传输和记录功能
数据管理功能	数据库功能（查询、编辑等）
	数据导入导出功能
	数据单位和格式转化功能
	自动生成报表、文档功能
可视化功能	数据分析功能（曲线、条形图、饼图）等
	伪彩色图功能
	GIS 功能
	动态显示功能
	可视化决策支持功能
系统管理功能	用户管理功能
	系统配置功能
	系统运行状态监视功能

2）软件系统结构设计

系统的许多功能是串联依赖的关系，传统的程序设计方法是生成大量的子程序，然后在主程序中依次调用，这样将会产生一个非常复杂的系统，很难维护和改进。

这里的做法是尽量将每个功能作为一个单独的小系统,维持固定的对外接口,并且在运行的层次上独立。比如将每个功能以控件、服务器或中间件的形式存在,这样系统结构清晰明了,便于维护和升级,并减少系统隐含的"虫子"。

基于以上分析和 Windows 平台下最新的应用软件、工具软件及软件开发技术,设计软件系统结构,如图 4-12 所示。

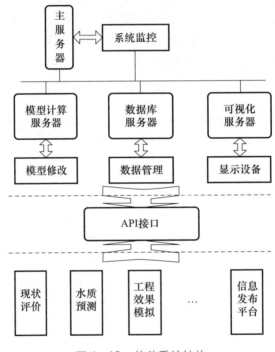

图 4-12　软件系统结构

3. 服务器系统

系统设一台主服务器,任务是管理系统的配置,监控系统运行状态。它的工作如下:

(1) 任意其他服务器开始运行时,首先向主服务器申报自己的角色和网络地址、服务端口;结束运行时,先向主服务器登记。

(2) 主服务器每隔一段时间,自动轮流查询已注册其他服务器的工作状态,遇到特殊状态报警。

(3) 任意客户端需要请求服务时,首先向主服务器查询所请求服务的网络

第 4 章 成都市中心城区水环境管理及决策支持仿真系统

地址、服务端口和工作状态。

配合主服务器有一个系统管理监控的工具软件。

其他服务器有模型计算服务器、数据库服务器、可视化服务器、应用服务器、互联网服务器：

(1) 模型计算服务器完成模拟计算，并负责分发和保存结果。配合模型计算服务器有模型修改、参数设置等工具软件。

(2) 数据库服务器提供数据服务，配合其工作有数据导入导出、格式转化、查询分析等工具软件。

(3) 可视化服务器生成可视化图形并驱动显示设备。

(4) 应用服务接口协调客户端请求与服务器之间的信息传递和数据转化。

(5) 互联网服务器负责在公共平台上发布系统提供的信息，将来可以将所有客户端的功能都集中起来，通过互联网服务器工作，实现客户端的零维护。

实现系统实用功能和用户界面的程序作为客户端出现在系统中。客户端有专用程序和普通浏览器两种，仿真系统的客户端往往不可避免地要承担一些计算任务，因此需以开发专用应用程序为主。

▶ 4.5.2 主服务器的实现

根据系统主服务器功能的界定，主服务器及其配套工作系统由图 4 - 13 所示模块组成。

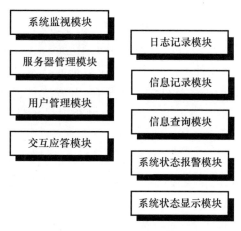

图 4 - 13 主服务器功能模块

高层服务及它们与客户端之间的协作,需要规定协作关系和通信的协议。首先要做的是定义这些服务的功能,即它们的责任。然后需要说明这些服务应该提供的服务(这两个服务的含义不同)或是任务。这里应该从业务功能以及异步通信的角度来考虑,而不能只考虑请求/响应:一方发出信息请求,另一方发回信息响应,如果没有及时回复,响应也会相应推迟,如此等等。应该将消息作为单独的事件进行处理,不要假设对方能够立即响应。在每一方都应使用独立的事务持久保持状态,并且使用可靠的通信方式。

4.5.3 数据库服务器的实现

1. 数据库设计思路

环境管理具有复杂性和动态性,涉及多部门、多地区和多领域,需要处理大量的随时间积累的数据,通过数据库系统可以更方便高效地使用数据。在此基础上,数据库系统还应当提供适合环境管理者工作方式的软件工具,使隐藏在错综复杂关系下的众多因素变得更加清晰,使其做决策时可以参考更多的数据。

数据库的建设是一个循序渐进、逐步扩大的过程。从建立城市的基础空间数据信息库开始,逐步对已建库更新和扩大,同时扩大应用范围,增加各种专业数据。系统的可扩展性是建设系统时需要考虑的一个重要因素。所采用的方案应当是全面的、可伸缩的、集成的体系结构,可提供多层次的产品解决方案。这样可以综合考虑用户需求、资金、技术等因素,根据不同应用阶段和不同层次的需求,配置多层次的数据库系统。

环保系统信息化管理工作已经开展多年,由于各项工作的管理部门不同,各部门都已根据本部门或某一特定业务编制了相应的软件,例如:排污收费、污染源申报登记等。在这些软件中已初步应用了数据库技术、地理信息系统、遥感技术、多媒体技术。但是由于各软件的工作平台、开发工具、后台数据库不尽相同,各信息系统之间的通用性、共享性不好。通过数据导入导出软件工具可以方便地解决这一问题。

据上述分析,数据库系统的设计如下:

(1)根据数据间的逻辑关系和空间关系组织数据库表,通过索引和外部主键的定义来提高查询效率。

(2)针对数据量的规模,应用微软公司的 SQL SERVER2000 数据库系统软件。

第4章 成都市中心城区水环境管理及决策支持仿真系统

(3)充分利用已建好的数据库和已入库的数据。

(4)采用面向对象设计与交互式设计的思想,系统功能逻辑更加清晰,采用先进的可视化数据库设计工具。

(5)结合关系数据库的用户管理机制建立角色和用户,保证数据操作的安全性。

(6)开发数据保密、数据备份等功能软件。

(7)对内部的查询提供 ODBC、OLEDB、JDBC 等多种业界标准接口。

2. 数据结构设计

仿真服务所需数据分为空间数据和属性数据两大类。

(1)空间数据包括地形图(含行政境界、水系、居民地、道路、植被等要素和污染源)、水环境质量监测断面、水环境功能区和自然保护区等环境专题图,以及环境影响评价所需的大比例尺地形图和专题图等。

(2)属性数据主要包括下列几类:

环境背景数据,包括人口、面积、产值以及河流、自然保护区等大量环境背景数据;

污染源数据,包括污染源概况、污水排放量、排放规律、排放位置、污水处理和综合利用等数据;

污染源汇总数据,历年分行业、分水环境功能区汇总的污染源数据;

水环境质量监测数据,包括环境质量监测断面基本情况,监测断面污染物浓度、水文等数据;

水环境标准数据,包括地面水环境质量标准(GB 3838—88),污水综合排放标准(GB 8979—88)等;

水环境功能区数据,包括水环境功能区、控制断面、控制单元、子单元等数据;

环境影响评价相关数据,主要包括水环境影响评价情景方案数据、大气环境影响评价情景方案数据、评价模型所需的水文、气象各类数据等。

1)空间数据结构设计

(1)地形图:以 1∶50000 电子地图为基础,同时根据需要对各类要素进行增、删编辑,并在特征属性表中增加关键的对应数据项,使空间数据与外部属性数据库建立起严格一致的关联。由于 ARC/INFO 具有对同一图层不可同时包括点、面要素属性表的限制,故每一类要素分为 1~2 图层,这些图层如表 4-13 所列。

表4-13 地形图图层表

BOU1	行政境界	(面状要素)
HYD1	水系1	(面状要素)
HYD2	水系2	(点、线状要素)
RES1	居民地1	(面状要素)
RES1	居民地2	(点状要素)
ROA2	公路	(点、线状要素)
TRA2	其他道路	(点、线状要素)

(2)环境专题图:各种专题图特征属性表中分别增加了数据项使这些图层与外部属性数据库中相关 TABLE 建立起关系。环境专题图图层表如表4-14所列。

表4-14 环境专题图图层表

POL2	污染源	(点状要素)
WAR2	水环境质量监测断面	(点状要素)
NAT1	水功能区划分1	(面状要素)
NAT2	水功能区划分2	(线状要素)

(3)电子地图:以成都市环保局信息中心提供的底图为基础,附加必须的环境专题图,是工程水环境仿真水服务系统的核心空间数据。

2)属性数据结构设计

仿真服务系统的属性数据库包括 SQL Server DBMS 生成和管理的外部通用基础数据库和由 GIS 生成和管理的内部属性数据库。其中前者是基于资料收集和调查子项目开发的,这部分数据主要包括水环境背景数据、历史污染源数据、理念水环境质量监测数据等。其特点是数据信息量大,直接与数据来源有关,它的设计受制于现行的各项环保管理制度、现存的各种标准和不同的编码体系等。因此,空间数据库和外部属性数据库的接口设计(包括对外部属性数据库设计的要求)是项目的重要任务之一,以实现使用 GIS 的 DATABASE 工具直接访问该外部数据库。对外部库中不包括的专用数据加以补充,将仿真服务系统常用的或需加以修改的数据作为 GIS 的内部属性数据,便于系统调用。更重要的是专题库将直接为某些仿真服务功能模块和模型方法提供输入数据和输出结果分析支持。专题数据库中主要包括了两类数据:

(1)决策支持相关数据。主要包括各种名称、代码和环境标准数据,其中名称、代码数据主要用于从滚动窗口中选择数据；水环境标准数据主要包括"国标"和"自定义"两类表。"自定义"标准主要供用户设置评价标准等参数，用户可对"自定义"表中的数据进行修改。这类数据存储于下列 INFO 表中：

行业代码名称；

行政区划代码、名称；

废水污染物代码、名称（含一、二类污染物）；

地面水环境质量标准（含国标、自定义）；

污水综合排放标准（含国标、自定义）。

（2）模型方法相关数据。例如，仿真服务系统中的一个重要模块，是"环境影响评价"模块（以下简称环评），包括建设项目环评和区域环评。在环评中采用了很多模型，如 S—P 水质模拟模型，这些模型均需要大量的水文、气象等数据，还有多种不同情景方案数据。这些数据存放于专题数据库的 INFO 表，有些数据还需用户在运行时动态输入。这些 INFO 表包括：

建设项目基本情况；

建设项目水耗基本预测量；

区域基本情况；

情景方案代码、名称；

水环评情景方案；

污染源属性数据；

各模拟水期相关数据；

污染物沉降、衰减率数据。

3. 数据表的设计

1）尽量使用没有确切含义的字段作为主键字段

为了提高效率，每个表都应该有一个主键字段。主键字段定义了表的唯一性，并由索引在其他字段中使用，以提高搜索性能。

例如，控制单键表可以为每个控制单元定义唯一编号的 Unit ID 字段。为了便于讨论，假设表中包含多个字段，一般来说，主键字段应该只包含一个字段。可以将多个字段定义为表的主键字段，但最好是使用一个字段。首先，如果需要使用多个字段来定义唯一性，则需要占用更多的空间来存储主键。其次，表中的其他索引还必须使用主键字段的组合，这样所占用的空间比使用一个字段所占用的空间要多。最后，在表中标识记录需要获取字段组合。使用一个 Unit ID 字段定义控制单元比使用其他字段组合要好，主键字段应该为数字类型，数据库提供的 AutoNumber 字段类型是一个 Long Integer(长整数),非常适用于主键字段。这些值可以自动保证每个记录的唯一性,同时也支持多用户数据输入。

主键字段不应该随时间而改变。一旦标识了主键字段,就应该永远不变(像社会保障号一样)。更改过的主键字段将很难再使用历史数据,因为其中的链接被破坏了。

要确保主键字段不会随时间而更改,主键字段应该没有确切含义。没有确切含义的主键值在其他数据不完整时也非常有用。例如,可以指定一个控制单元编号,而无需该控制单元的完整地址。应用程序的其余部分可以很好地工作,也可以在检索记录时添加信息。

鉴于上述原因,我们在大部分表中使用 AutoNumber 字段作为主键字段。通过使用组合框和隐藏列,可以将字段绑定到 AutoNumber 字段并将其隐藏,使用户无法看到。

2)使用引用完整性

对表进行定义并理解各表是如何关联的之后,应确保添加引用完整性来巩固各表之间的关系。这样可以避免错误地修改链接字段而留下孤立的记录。Microsoft SOL Server 数据库引擎支持复杂的引用完整性,允许用户进行级联更新和删除。一般情况下,不应修改 ID 字段。因此,级联更新用得较少,但级联删除却非常有用。

4. 数据的访问

应用程序开发需要具有简单接口的现代开发工具以快速访问数据。对此问题的解决方案是 Universal Data Access(UDA 通用数据访问)体系结构,简单的说,UDA 是一种将 OLE DB 应用于实际的理论。所有的 UDA 都被指向一个数据源———一个电子表格。一条电子邮件消息,由 OLE DB 接口过滤并以一种通用的格式表示,这样应用程序总是以同样的方式对数据进行访问。

位于 OLE DB 上,处理来自应用程序的调用的中间层被称作 Active Data Objects(ADO)。它是编写针对带有 OLE DB 提供者的任何类型的数据源的推荐标准。

ADO 是一个对象模型,它结合了 OLE DB 易于使用的特性以及在诸如 Remote Data Objects(RDO)和 Data Access Objects(DAO)的模型中容易找到的通用特性。ADO 是一个可以通过 IDispatch 和 vtable 函数访问的 COM 自动化服务器。最重要的是 ADO 包含了所有可以被 OLD DB 标准接口描述的数据类型。换而言之,ADO 对象模型具有可扩展性,它不需要对自己的部件做任何工作。

通过通常的 ADO 编程接口,可以可视化地处理问题,即使那些记录集信息的格式是意想不到的。

ADO 在其实际运行中得到了很高的评价:内存覆盖、线程安全,支持分布式事务、基于 Web 的远程数据访问。作为 Microsoft UDA 策略的一部分,ADO 试图成为基于跨平台的,数据源异构的数据访问的标准模型。随着时间的流逝,它将取代其他模型。ADO 集中了 RDO 和 DAO 的所有的最好的特性,并将它们重新组织在一个同样可以提供对事件的充分支持,仅略微有点不同的对象模型中。

5. 数据库系统的功能模块

实现数据管理的功能,系统软件应配套有数据查询、编辑、导入导出、自动生成报表文档等功能。具体包含的功能模块如图 4-14 所示。

在数据库系统配置上,除了服务器以外,还配备数据备份存储和不间断电源。数据库系统构成如图 4-15 所示。

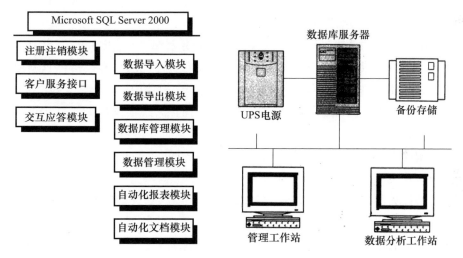

图 4-14　数据服务系统功能模块　　图 4-15　数据库系统构成图

管理工作站和数据分析工作站可以根据实际情况灵活配置,可以是一台计算机,也可以配置多台。

4.5.4　模型计算软件的实现

传统的环境模拟计算多采用 Fortran 语言编写,包括 Qual2e 等复杂模型的 Windows 版本,其核心的计算仍是 DOS 下的程序。

这里由于采用了多层次的软件架构,即使模型计算部分的软件也需要大量实现与其他组件联系的高级接口,因此,必须采用 32 位 Windows 下的语言和工具来开发。可供选择的有 Microsoft Visual Studio 系列,Delphi,J Builder 等。

不同的模型有不同的调用时机,模型计算软件的开发将分阶段实现,以便尽快在水环境治理辅佐决策中应用。

根据所需数据是否完整的情况,可以适当简化模型的计算。数据较多时,应用详细描述对象的复杂模型,仿真的精度也较高;数据不足时,应用描述对象基本特性的简化模型,仿真精度较低,但应保证正确的参考作用。

模型计算软件以可运行的方式存储在计算服务器中,由仿真系统的模型调度模块启动,对外提供标准通信接口,其他应用程序可以方便地利用服务器强大的计算能力和资源。

模型计算的结果由服务软件通过数据库驱动程序的调用自动存储在数据库服务器中,同时还有一些结果通过网络以变量或者数据文件的形式发送到仿真工作站客户端、互联网服务器或可视化服务器,反馈给用户。

并不是所有的计算都可以纳入模型计算服务器,只有可以标准化,并且经常被使用,或者计算量特别大的计算任务才纳入模型计算服务器。那些计算量不大,很少使用的计算模块可以纳入相应的应用程序模块中。

模型计算服务系统是仿真服务系统最复杂的部分,根据功能设计出的模块如图 4-16 所示。

模型计算服务器在拓扑上与仿真工作站、数据库、Web 服务器、可视化服务器相连。相关部分如图 4-17 所示。

模型计算需要的数据必须在客户端设计,一些参数直接出现在界面上,用户修改后保存,通过网络发送给模型计算软件。有一些数据,比如气象和文化,用户可以通过数据文件或指定数据库中某个查询来提供。这些功能必须在客户端或者中间件里实现。

客户端需要完成模型参数和输入数据的设置,还需要设置仿真控制参数,接收仿真运行的信息,查看和分析仿真结果。水质模拟预测需要的设置参数有:

(1)仿真控制参数(步长、背景数据等);

(2)河段数据;

(3)计算单元数据;

(4)污染源数据;

(5)地理和气象数据;

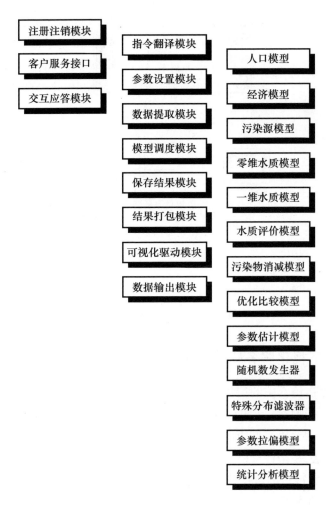

图 4-16 计算服务功能模块

(6) 水质实测数据；

(7) 生化反应速率参数；

(8) 水力学数据；

(9) 初始条件；

(10) 边界条件。

与一般通过模型进行模拟计算的软件开发不同的是，仿真服务系统的模拟计算程序必须是通用的模块，可以被仿真调度系统反复调用，参数的输入和结果的输出必须实现自动化。

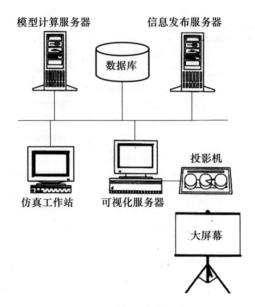

图 4-17　模型计算服务器

4.5.5　可视化服务软件的实现

1. 可视化在仿真中的应用

科学计算可视化(visualization in scientific computing)是当前仿真技术的一个重要研究方向,主要研究如何把科学数据转换成可视的、能帮助科学工作者理解的信息的计算方法,是把计算机图形学与图象处理技术应用于系统仿真的综合学科。

科学计算可视化的数据是对有限空间的一组离散采样,每个采样点上的采样值可以是一种或多种,代表在该点上的一个或多个物理属性值。例如用检测仪器对水文、水环境质量进行采样,其结果都是以有限个采样来描述场空间。这些数据主要有两种类型:

(1)标量;

(2)向量。

处理这两种数据的方法是大同小异的,复杂的可以通过简化手段变成简单的。主要有以下几种可视化方法:

(1)使用图表来表示数据的分布。如各种饼图、柱图等。

(2)伪色彩方法(pseudo—color methods),如卫星云图。

(3)轮廓线方法(contour plots),如地图等。

(4)轮廓面方法(isosurface),如在医疗可视化中对器官切片数据的处理。

(5)体绘制。体绘制是最具应用前景的一种科学可视化方法,它不但在科学可视化中一展伸手,同时还丰富了计算机图形学中的三维图形绘制技术。

1)可视化技术与水环境仿真系统结合的途径

建立基于 GIS 的交互式可视化仿真系统框架,将可视化技术与系统仿真的各个环节相结合,实现仿真建模可视化、仿真计算可视化、仿真结果可视化。

2)可视化仿真技术在水环境工程中的应用

根据水环境工程的特点和实际需要,将可视化仿真技术与具体的工程问题相结合,提出可视化仿真技术应用的具体途径。

3)可视化仿真软件的通用化

水环境工程系统仿真软件的通用化不仅是关键技术问题之一,而且是推广应用的前提。

2. 基于 GIS 的动态可视化仿真技术

1)可视化仿真涵义

可视化仿真(visual simulation,VS)是计算机可视化技术与系统建模技术相结合后形成的一种新型仿真技术,其实质是采用图形或图像方式对仿真计算过程的跟踪、驾驭和结果的后期处理,同时实现仿真软件界面的可视化,具有迅速、高效、直观、形象的建模特点。使用可视化技术以后,系统的子模块用形象的图形来表示,并通过鼠标控制屏幕上直观形象,就可以完成整个仿真任务重要的环节——即仿真计算过程可视化。

2)全过程动态仿真理论与方法

全过程动态仿真理论融合了面向对象的图形辅助建模、动态仿真、网络计划分析与优化、动态演示、数据库等技术,把整个决策过程作为一个整体仿真流程,对全过程进行跟踪模拟。

全过程动态仿真理论的特点是体现了系统工程的思想。它是针对整个水污染治理系统进行的,所有的优化及调配目标是使整个系统达到最优,而不是局部达到最优。它把整个水环境作为一个大的系统,综合考虑系统中各个单项工程之间、各个控制单元之间相互影响、相互制约的关系,分析整体的效果、投资等关键问题,获得更为真实的水污染情况,从而达到为水污染治理工程设计提供科学依据的目的。

3)面向对象的图形辅助仿真建模技术

仿真是一种基于模型的活动,建模是仿真过程中十分重要的一个环节。如何能够实现简化而又灵活的建模过程是仿真研究的重要课题。

面向对象方法的应用使建模过程变得自然直观。用户可以把被仿真系统的各种活动都看成对象,并根据这些对象的类属关系和本身特性直接构造仿真模型。这种建模过程十分类似于人类所习惯的对客观世界中事件分类的思维过程,因此使仿真用户感到由物理模型到计算机模型的过渡非常自然。面向对象方法的继承性,使仿真系统十分容易扩充。同时,通过对象类层次结构的合理设计,可以获得最高的代码重用率。

在系统仿真中应用图形技术,能够描述许多用语言难以表达的信息,图形辅助建模就是利用鼠标在计算机屏幕上绘制系统模型,或用模型库中已有的系统元件拼合系统模型。

面向对象的图形辅助建模的基础是系统的可分性,即认为系统是由子系统组成的,而子系统又可分解成更原始的子系统。由于这种性质的存在,构造模型的方式是通过连接组成系统模型的成分模型(子模型)来建造总体模型。

4)基于 GIS 的仿真系统构造及其可视化方法

(1)数字地图模型建立。数字地图模型是整个水环境数字模型的重要组成部分,这既是所有治理工程实施的对象,也是分析研究依据和表现数据的载体。

(2)模型参数化。按照实体对象的属性,可将其分别用点、线、面、体等四类图形数据结构来表达。GIS 模型需反映其属性信息,建立几何图形与其属性的一一对应关系可利用 GIS 的空间数据组织结构来实现。

5)基于 GIS 的动态演示方法

基于 GIS 的动态演示是对任意时刻系统仿真的再现,它反映了仿真系统内部数据场的动态变化过程。利用仿真模块得到水环境系统的动态信息,包括水质、水量的空间分布等,生成系统各控制单元对应的图在任意条件下的情况,不断更新绘图变量和属性变量赋值,同时不断刷新屏幕显示。这样就实现了相应信息的动态显示。

6)基于 GIS 的交互式可视化仿真系统结构

基于 GIS 仿真的可视化,表现在建模过程中利用 GIS 的信息可视化采集,以及在仿真可视化操作过程中利用 GIS 的动态信息可视化表达。由于 GIS 特有的空间信息组织机制,使其实现这些功能有着先天的优势。同时,在可视化仿真系统中,用户可根据显示的图像交互控制仿真的各个阶段,直到对所模拟的现象获得理解与洞察。在这一过程中,用户可以通过系统提供的操作界面随着可视化仿真系统反馈的结果来同步保持交互对仿真过程的控制。

第4章 成都市中心城区水环境管理及决策支持仿真系统

可视化系统应实现的功能模块如图4－18所示。

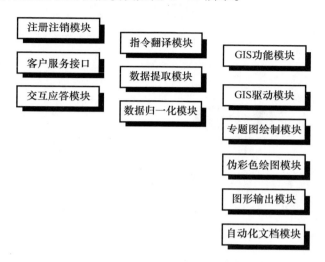

图4－18 可视化服务器功能模块

可视化系统包含投影设备,可视化服务器可以直接连接投影设备,也可以驱动一台或多台工作计算机,控制它们分别连接不同的投影设备。

4.5.6 互联网信息服务软件的实现

在互联网上发布信息的条件有:
(1)有ISP提供的域名、空间和IP地址;
(2)有配置好的Web服务器软件;
(3)发布的信息为浏览器可以识别的内容。

域名的申请和注册很简单,这里将先在Intranet上试验,视情况再确定是否迁移到Internet上。常用的Web服务器软件有微软的IIS和自由软件联盟的Apache软件。两者各有优劣,对本系统而言,选择IIS会带来开发上的方便。

最重要的是将数据转化为浏览器(IE)可以识别的格式。将采取多种手段来实现这种转化,有ASP、WEBGIS、ISAPI等方式,实现的位置在应用服务器,也就是中间件。

这里,互联网信息发布作为扩大影响和应用范围的一种技术手段,可以充分利用现有平台来实现互联网信息发布。如成都市环保局信息中心的网站或"成都通"等网站,都可作为仿真服务系统发布信息的快速通道。

互联网信息发布如图4－19所示。

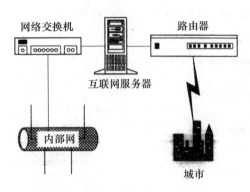

图 4-19 互联网信息发布

互联网服务器通过路由器接入 Internet，同时内部网的用户也可以得到同样的服务。防火墙是必须的，其他同一般网站的建设。

4.5.7 系统硬件配置

在满足系统软件流畅运行的前提下，按照不同的使用要求，系统硬件结构可以灵活配置。可以将多个软件模块集中在一台计算机上，也可以分布在不同的计算机上。客户机可以根据用户的数量来确定。根据系统软件结构的分析，系统硬件主要分为服务器和工作站两类。

根据前面软件功能描述和模块设计，提出一种硬件结构拓展图如图 4-20 所示。

服务器的设置主要根据系统运行的负荷、数据的安全性、可靠性等要求来选择。最好将重要的、负荷量大的服务器软件放在不同的服务器上运行。工作站的设置主要根据工作人员和系统用户使用方便来选择，可以将功能类似的软件模块放在一起，但也要避免一个工作站上集中太多的功能，否则会影响系统并行工作的效率。

系统服务器可选择通用服务器，建议配置 512MB 以上的内存，大容量 SCSI 硬盘。

工作站可采用普通 PC 机，建议配置 P4 1.6GHz 以上 CPU，256MB 内存，40G 以上硬盘。系统网络需 100MHz 以太网，需配备必须的网络交换机、路由器等设备。

投影设备根据具体的安装地点情况来选择，主要参数有亮度、功能、寿命、分辨率等。

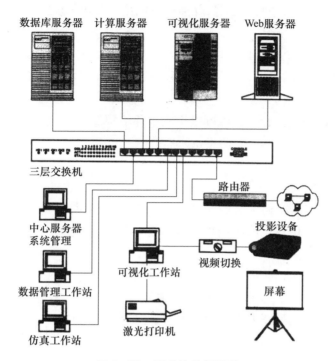

图 4-20 硬件结构拓展图

系统可配置一台或多台打印机,方便工作。

此外,可配置 UPS 不间断电源、备份存储设备等辅助设备。

4.6 项目扩展与应用前景展望

4.6.1 项目进一步拓展的展望

城市水污染综合仿真服务系统的研究开发是一项复杂的系统工程,受经验、水平、时间经费的限制,许多科研人员的设想还不能在短期内实现。在本项目的基础上,可以进一步提高仿真精度、完善仿真功能、扩展仿真服务系统的应用领域。拓展的方向主要有:

1. 与实时监测系统相连接

准确、大量、及时的数据是系统仿真,特别是水环境仿真服务系统的基石。将实时监测吞吐的数据实时输入到仿真系统中,仿真系统的模拟结果就可以即时反映水环境的现状和发展趋势,并通过可视化的形式表现出来,让决策者随时掌握最新、最准确的情况。

与实时监测系统相连接,可以构成水污染治理的闭环控制系统。仿真系统可以随时治理工程的进展,随时预测工程效果与期望值之间的偏差,并定量地给出修正和补救的办法。

与实时监测系统相连接,还可以构成水环境预警系统、事故风险预报系统,根据监测数据及早发现问题、防患于未然。

2. 深化污染源的调查

污染源的调查是一项极其费时费力的工作,城市废水的排放只有通过长期监测才能掌握其规律,对大量的面源污染了解很少,这些未知因素限制了仿真的精度,甚至使系统仿真无法应用更逼真的复杂模型。有必要进一步深化污染源的调查工作。

3. 深化总量控制的应用

实现实时监测后,模型精度进一步提高,就可以即时根据水环境最新的状态,得出总量控制的最新方案。使得水污染控制手段即时调整,确保水环境质量达标,并最大程度地提高投资效率。

4.6.2 项目在生态环境工程及管理上的应用前景

环保系统的信息化管理工作已经开展多年。据了解,由于各项工作的管理部门不同,各部门基本上都根据本部门或特定业务编制了相应的软件,例如:排污收费、污染源申报登记等。在这些软件中有的已初步应用了数据库技术、地理信息系统、遥感技术、多媒体技术。但是由于各相应软件的工作平台、开发工具、后台数据库不尽相同,各软件系统彼此之间的通用性和数据共享性很差,有的根本无法交流;大量的环境数据只停留在查询检索和统计功能上,并未转化为环保工作人员和管理人员所需要的具有分析和决策帮助功能的数据;同时环境监测仍以常规监测为主要手段,对环境污染尚不能进行大面积、全天候、全天时的连续动态监测;已有软件也很难对急需的大气环境污染、水域流域污染、生态环境破坏、生物多样性状况、重大环境事故、环境变化等信息进行科学的分析、处理和评价。因此,总体上说来生态环境信息化管理水平还处于分散、起步阶段。

环境保护制度中最重要的环境经济手段是排污收费和资源税制度,环境仿真服务系统完善的自动化监测系统将为进一步发展富余排污量交易制度的实施提供科学的衡量、界定标准。系统将为开展集中统一的环境监测业务提供总体解决方案,评价污染源对当前区域内造成的环境质量的影响,从而为成都市开发建设及环境污染综合防治提供科学依据。

4.6.3 项目在水资源管理上的应用前景

随着人口增长和经济、社会发展,水资源在世界范围内已成为稀缺资源,水这种稀缺资源的优化配置是城市可持续发展的重要内容。水资源的分析基础是以流域为系统,对大气水、地表水、地下水和污水进行系统分析和统一规划,在此基础上科学地开发、利用、治理、配置、节约和保护。

仿真服务系统的数据管理分析功能、模拟预测功能支持对成都市水资源实行统一管理,支持城市可持续发展水资源保障的规划。不仅包括持续的水资源供需平衡,也包括抵御破坏、防洪,还包括水环境与水生态的维护。

对全市水资源的开发、利用、维护进行统一规划、监测。在统一管理的前提下,可以建立三个补偿机制:谁耗费水量谁补偿;谁污染水质谁补偿;谁破坏水生态环境谁补偿。

通过仿真预测功能支持水资源和水环境的规划。流域水资源和水环境系统是一个复杂的大系统,通过系统仿真可以重现真实系统的主要功能。从水资源和水环境控制系统仿真的要求,可以把系统模型分为水量模型和水质模型两个部分。水中的污染物是随着水产生、迁移的,水量模拟是水资源规划的基础。根据研究的目的,系统可以实现对流域陆面径流产生以及时空分布的模拟,同时,对水动力情况(河流、湖流、水量交换)实现模拟。水质方面,系统对污染产生、污染迁移以及污染物的分布实现模拟,同时还模拟各项对策和措施方案对污染负荷削减的作用。这些模拟的数据可以用来分析成都市大区水量的平衡,水质变化的根源,指导治理工程。

4.6.4 项目在农业现代化上的应用前景

可以应用遥感、全球定位系统、人工监测等技术建立完善、权威的农业信息库,接入仿真服务系统,实现对具有空间属性的各种农业资源信息的有效管理,对农业管理和实践模式进行快速和重复的分析测试,达到科学准确的评价与决策。

精准农业是当今世界农业发展的新潮流,也是面向21世纪高新技术农业发展的必然结果,目前还处于研究阶段。系统仿真主要从农田信息采集、农业专家决策以及排灌、施肥控制等方面进行管理和决策支持。可分为以下四个子系统：

农业资源信息子系统，实现土地资源、水资源、气候资料、肥料资料等农业资源的监测、评估、开发与管理；

农业生产信息子系统，实现农作物、经济作物长势监测与估产；

农业灾害信息子系统，实现病虫灾害、环境灾害、林火灾害等的预测、监测与应急反应；

农业管理信息子系统，实现农业发展状况、科技成果、基础设施、农业资源等信息的采集、发布与管理。

4.6.5 项目在城市数字化上的应用前景

"数字城市"系统是一个人地（地理环境）关系系统，它体现了人与人、地与地、人与地的相互作用和相互关系，系统由政府、企业、市民、地理环境等相关的子系统构成。政府管理、企业的商业活动、市民的生产生活无不体现出城市的这种人地关系。

仿真服务系统通过进一步建设可以增强城市地理信息系统的功能，包括以下几方面：

(1) 城市基础设施、资源、环境信息化，满足公众对城市地理信息一般性需求：根据城市状况，建立标准化的地理信息数据库，分层存储显示区划、道路交通、旅游、绿地、管线等与百姓生活密切相关的地理信息，反映它们的空间属性、时间属性、统计属性，并且在一个公众接受的平台上向公众发布。

(2) 建立基于空间信息的城市管理功能，满足政府相关职能部门管理工作对地理信息的需求：根据不同职能部门不同的工作内容，设计专用的地理信息处理工具，具有进行诸如道路分析、管线分析、虚拟项目建设景观等方面的评估分析。

(3) 建立基于上述空间信息分析系统的统计分析和辅助决策的模型，辅助决策者做出决策：针对城市主要问题，如交通网络建设、城市规划、企业选址、地区经济状况统计与分析，结合城市地理信息资料与其他统计资料，展开科学有效的分析模式，做出决策效果虚拟分析、或者实时数据查询与展示。南河（治理后）如图4-21所示，合江亭（治理后）如图4-22所示，成都市府南河水环境治理仿真系统如图4-23所示，仿真信息查询图如图4-24所示。

第4章 成都市中心城区水环境管理及决策支持仿真系统

图4-21 南河(治理后)

图4-22 合江亭(治理后)

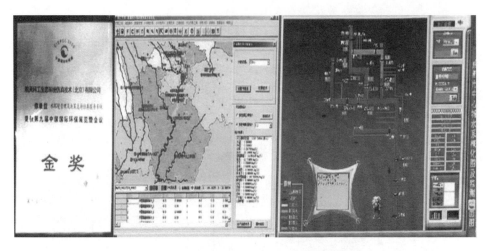

图4-23 成都市府南河水环境治理仿真系统

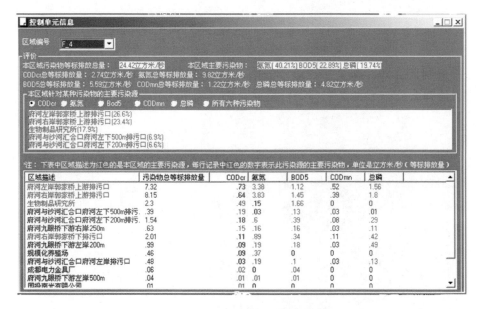

图4-24 仿真信息查询图

4.7 小　结

利用仿真技术研究的内容主要包括:

(1) 预测《成都城区水环境整治总结规划》工程治理方案实施后能不能达到Ⅲ类水的标准,对"综合治理总体规划"进行有效性、可行性评估;

(2) 筛选出主河流的主要污染支流,控制单元的主要污染企业;

(3) 实行污染物排放的总量分配可控制;

(4) 提出城区河流水质改善、景观体现和生态保护所需要的最低维持流量;

(5) 对城区污水处理规模、处理级别及污水处理厂位置进行规划;

(6) 对污水处理厂综合利用的可行性分析,评估环境、景观和生态产生的影响。

仿真研究表明:

沙河水环境综合整治效果:成都东郊工业结构调整,使沙河污染负荷大量消减,可消减沙河水体中氨、氮等污染物四十多吨。

成都中心区域水环境综合整治实施后,府南河水质除个别污染因子外基本可以达标,污染控制重点应转向对都江堰、郫县、温江、双流进行流域性污染控制。

仿真预测还警告,预测到2010年成都中心区域人口达到493万人,污水排放量增加30万吨。若污水不进行处理,综合整治完成后最多5年时间,府河永安大桥断面、黄龙溪断面水体中,4种主要污染物均超标,基本回到整治前水平,甚至更为恶化。增加城市污水治理能力,达到城市污水排放一级A标准后排放,利用永安大桥至黄龙溪的河流自净能力,可使黄龙溪处的水质基本保持在中心城区综合治理之后的水质状态。

2004年6月成都市政府主持了项目验收评审会。以丁衡高院士为主任,多位环保专家组成的评审委员会对该工程作了相当高的评价,认为完成了任务书所规定的任务。研究的一些结论均可作为政府决策的依据。而且2005年四川省水环境质量监测的结果与该仿真系统预测的结果是吻合的。

所有的研究工作都是在成都市环保研究院人员的配合下共同完成的。

王子才院士说,成都是国内首个利用航天仿真技术对水环境进行仿真研究的城市。

成都市环保局局长说:运用航天仿真技术对水环境进行仿真分析,能为政府在治污项目的选择和决策时充分考虑各种因素,减少巨额环保治理资金投入的决策失误。

第5章 突发事件管理仿真试验系统框架

5.1 概 述

自然灾害是人类生存和发展的巨大障碍,有史以来,自然灾害给人类带来了重大的伤亡和痛苦,使人民生命和财产遭受巨大损失。由于人口快速增长和集中(城市化),各种高技术和建设规模的有增无减,人为因素对自然生态的破坏,导致自然灾害数量上升,对人类世界,特别是发展中国家的潜在威胁日趋严重,已经并将继续成为世界的不稳定因素。据资料统计,过去20年中,受自然灾害影响的人口有8亿多,财产损失近千亿美元,减轻自然灾害已成为人类面临的一项紧迫任务。

同时,社会和技术的发展与进步在为人类带来利益的同时造成人为灾害数量的上升(如核事故、有害物质泄漏、火灾、各类交通事故等);过去十余年,恐怖袭击事件数量上升且危害加大。"9·11"事件以后,许多国家,包括中国在内,都积极制定措施以提高本国突发事件反应能力,确保在灾害性事件发生时能够保护国土安全、保障人民生命和财产安全、保证社会政治经济稳定。

为了叙述方便,本书将上述灾害性事件统称为突发事件,并给出如下定义(该定义仅对本书有效):突发事件指需要启动国家应急反应资源以保护人民生命财产安全和公众健康与安全的事件,包括恐怖袭击、恐怖威胁、火灾(野外或城市)、洪水、地震、飓风、龙卷风、有害物质泄漏、核事故、重大交通事故、生产建设重大安全事故、关键基础设施重大事故、战争相关灾难、公共卫生与公众健康及其他需应急反应的事件。

突发事件的管理是一项复杂的系统工程,包括监测、预测、防止事件发生/扩大、减轻损失/影响、救援以及事后恢复等多种活动;需要交通、医疗、财政、行政管理、消防、警察、专业救助队伍等多部门的协调与合作;需要受灾群众的积极配合;涉及政治、经济、外交、公共医疗、公众信心等多个方面;对国家各级政府的管理能力、技术水平、保障能力、预案水平、反应能力等方面提出了巨大的挑战。

信息技术和仿真技术的发展以及复杂系统研究水平的提高使得复杂系统仿真成为可能。仿真已成为继科学理论和科学实验以后第三种认识和改造世界的手段。2002年,美国国家研究委员会的反恐科学与技术委员会将"系统分析、建模与仿真"列为应对恐怖威胁的7项支撑技术之首。该委员会在报告中指出:"系统分析和建模工具可用于威胁评估、规划与决策(特别是对威胁的监测、识别和协调反应)、确定基础设施的薄弱环节和相互依赖性。"并且,建模与仿真技术在一线反应人员的训练方面以及对生化恐怖袭击的准备和应对研究方面具有重要意义。

5.2 仿真技术在突发事件管理中的应用现状

建模与仿真技术具有可控、安全、无破坏性、可多次重复、不受气候条件和空间与时间的限制等特点,在事件不可真实再现、破坏性大、情况复杂、对救援人员技术水平和应对能力要求高的突发事件管理领域已经得到广泛应用,包括:灾情/灾害后果仿真、应急反应规划/辅助决策、应急反应训练、灾害辨识与监测等。

突发事件具有突发性、涉及部门和学科领域多、影响范围广、造成的损失大、需要快速有效反应等特点,这就决定了突发事件应急反应管理是一项复杂的系统工程。灾情监测与预测能力、应急反应规划的科学性和有效性、应急预案的可行性和有效性、政府和部门之间的协调联动能力、应急反应一线人员的能力水平等因素共同决定应急反应的效果。正因为如此,世界上许多国家的突发事件应急反应系统正在向着综合管理的方向发展,这也给突发事件管理仿真技术的发展和应用提出了新的挑战。仿真系统集成技术、标准化、互操作、可重用、实时监测数据的注入、基于虚拟现实的仿真训练、基于仿真的系统测试等技术的发展与应用已经在突发事件管理领域引起高度重视,并成为研究应急管理问题、制定并优化应急预案和人员训练的重要手段。

突发事件应急反应与军事领域中的联合作战有某些类同之处,加之"9·11"之后反恐已经成为突发事件管理中的重要事务,美国军方与反恐相关的部门正在考虑把军用仿真技术的发展模式引入突发事件管理领域,并已经成功地将一些用于军事训练的仿真系统改造成应急反应训练系统。同时,一些欧美国家也已经将高级体系结构(HLA)技术应用于应急反应仿真当中。这一发展途径和模式应当引起我们的重视,并值得我们借鉴。

5.2.1 灾情/灾害后果仿真

仿真用于突发事件管理的一个重要方面是对灾害发生过程及其所造成的影响进行模拟,用于灾情预测、应急反应规划和辅助决策等。应用面较广的系统包括:

欧洲国家联合开发的实时在线决策支持(real-time on-line decision support, RODOS)系统中建立了不同尺度的核物质扩散与沉积模型,在此基础上,结合地理信息系统,对核物质扩散对当地食物链系统造成的影响进行仿真,为救灾和灾后重建提供决策数据。上述模型可接收实时监测数据和气象预报数据。

美国 Lawrence Livermore 国家实验室开发的大气排放咨询能力(Atmospheric Release Advisory Capability, ARAC)系统,建立了危险物质大气传播模型,用于危险物质扩散灾情分析和预测。上述模型可接收实时监测数据和气象预报数据,可进行远程监测和预报。

美国正在开发的地震工程仿真系统网络(NEES),为美国范围内的地震研究人员提供分布式的协同研究环境,包含网络共享数据(监测、试验或仿真数据)、模型、算法、试验设施、计算资源、其他资源(比如领域专家),是一种仿真网格系统。

类似系统还有:美国国家标准与技术研究所开发的建筑物火灾仿真工具;日本电子通信大学与地震减灾研究中心联合开发的地震灾害仿真系统,主要用于防灾(preparedness)和减灾(mitigation);澳大利亚国立大学资源与环境研究中心建立了由热带风暴引起的洪水灾害仿真系统,对洪水灾害进行危险评估;西班牙工程数字化方法国际中心开发的洪水灾害危险评估与管理辅助决策系统;美国夏威夷大学海洋与环境工程系开发的由热带飓风造成的沿海洪水仿真系统,可对不同区域(沿海、近海、海边)的洪水危险进行预测与评估;虚拟现实与可视化研究中心利用虚拟现实和可视化技术绘制洪水灾害区域图,基于该地图进行洪水风险分析可指出何处可能发生洪水灾害,可对城市不同区域进行洪水灾害危险等级划分;美国阿拉巴马大学民用与环境工程系开发区域性交通仿真系统,用于交通事故应急反应准备等。

"911"事件和北美大停电事故以后,关键基础设施保护成为美国政府重点关注的问题,仿真技术被用于研究多种关键基础设施之间的关联关系,相关项目包括：

Sandia 国家实验室建立国家基础设施仿真与分析中心，提供政策分析、减灾计划、教育与培训支持和实时事故管理支持等能力；Los Alamos 国家实验室开展的用于基础设施分析的仿真对象框架（Simulation Object Framework for Infrastructure Analysis, SOFIA），能量相互依赖模拟器（Energy Interdependence Simulator, EISIM）和相互依存的能源基础设施仿真系统（Interdependence Energy Infrastructure Simulation System, IEISS）项目旨在研究并开发高质量的、灵活的、可扩展的基于基础设施仿真与分析软件框架，研究基础设施之间的相互关联关系；美国北卡罗莱纳大学软件与信息系统系和地理与地球科学系联合开展的关键基础设施一体化仿真技术研究，对多种基础设施的故障行为进行建模，并在方法（method）层上进行集成，从而对多种基础设施的相互依赖关系进行仿真。该技术可用于对国家关键基础设施建设以及保护对策研究提供支持等。

5.2.2 应急反应规划/辅助决策

紧急疏散仿真建模对应急反应规划和训练具有重要意义。关于紧急疏散建模的研究较多，目前常用的建模方法包括：

(1) 基于流的建模方法；
(2) 细胞自动机；
(3) 基于 Agent 的建模方法；
(4) 基于活动的模型；
(5) 与社会科学相关过程结合的模型等。

美国能源部和国土安全部建立了国家大气释放咨询中心（National Atmospheric Release Advisory Center, NARAC），美国国防部威胁管理局建立了危害预测与评估系统（The Hazard Prediction and Assessment System, HPAC），美国 NOAA 和环境保护局共同开发了 CAMEO/ALOHA 系统。上述系统均为正在运行的作业系统，为所属部门提供有害物质扩散实时应急反应支持和预先规划支持。

欧洲国家联合开发的 RODOS 系统用于对核事故应急反应提供决策支持，系统建设的主要目标在于：

(1) 在欧洲范围内建立全面的、一体化的决策支持系统；
(2) 为现有和未来的决策支持系统建立通用框架；
(3) 提供更加透明的决策过程；
(4) 促进国家之间监测数据的交流，对灾害后果进行预测；

(5) 通过开发和使用 RODOS 系统,在欧洲范围内建立更加连贯、一致和协调的应急反应机制。

到 2004 年,RODOS 系统在比利时、芬兰、德国、波兰、葡萄牙、斯洛伐克、西班牙和乌克兰等国处于预作业(pre-operational)状态(某些情形处于作业状态);在澳大利亚、捷克和斯洛文尼亚等国处于安装过程中;罗马尼亚、俄联邦 2005 年安装;当时,保加利亚、瑞士、瑞典、卢森堡等国正在考虑使用。中国 1995 年开始研制核事故应急反应决策支持系统,1997 年引进 RODOS 系统作为中国核事故应急反应决策系统支撑软件。

希腊 Aegean 大学地理系开发的火灾和洪水灾害防护系统是欧盟资助项目,对火灾和洪灾管理计划与 GIS 建立实时在线连接,提供附带自然灾害电子信息的地理数据库和决策支持系统,提供气象数据管理、地理数据查询、风险预报、灾情检测、受灾情况评估等能力,增强了预测和规划能力,对防灾、减灾和灾后重建的规划工作提供支持。

日本城市安全工程国际中心开发洪水灾害仿真系统,进行灾害损失评估,对防灾计划提供支持。

5.2.3　应急反应训练

仿真技术以其安全、可控、经济等特点而特别适合于应急反应训练,是仿真技术在突发性事件管理领域中应用较成熟的领域。典型应用系统有:美国陆军 STRICOM 司令部开发的虚拟应急响应训练模拟(virtual emergency response training simulation,VERTS)系统,主要是为大规模杀伤武器国民支持小组成员训练。

美国国防分析研究中心所支持的虚拟省市项目,开发出了真实的、高分辨率虚拟城市系统,用于应急反应一线人员(消防、警察、医疗、危险物质管理等)和军队人员的沉浸感训练系统。已部分完成开发的虚拟城市包括纽约、华盛顿、费城、盐湖城和路易斯安纳城。

美国建立国土防卫中心网络,旨在向国家、州和地方各级应急反应人员提供访问新一代训练与决策支持系统的访问能力,利用三维建模、仿真和可视化技术为地理上分散的、分属多个部门的应急反应人员提供灾前、灾中和灾后的协调、规划、预警和决策支持。

科学应用国际合作中心开发的自动化锻炼和评估系统(automated exercise & assessment system,AEAS)提供爆炸、辐射或生物制剂污染等仿真场景下的小组实时反应训练能力。

GmbH 环境软件与服务中心开展的应急管理高级培训系统(advanced training system for emergency management, A-TEM)项目利用人工智能技术和动态建模技术开发出基于知识的多媒体交互式系统框架,用于突发事件管理训练。

我国地震救援训练系统中应用了仿真技术。

同时,值得一提的是,在应急反应仿真训练方面的研究已经从单纯的应用系统开发走向了系统开发策略研究的方向。

5.2.4 灾害辨识与检测

德国 Karlstrube 大学建筑技术与管理研究所开发的地震造成的建筑物毁坏仿真模型主要用于灾情快速侦测。

美国国家海洋与大气管理局和国家暴风雨实验室联合开发预警决策支持系统(warning decision support system, WDSS)对热带风暴提供检测能力。

5.2.1 节中提到的洪水灾害仿真系统都提供灾害风险评估能力,可用于对灾害辨识和检测提供支持。

重要基础设施一体化仿真研究的目标之一是辨识基础设施薄弱环节并进行防灾规划。

5.2.5 仿真集成技术

美国国家标准与技术研究所建立了一体化应急反应(建模与仿真)框架,从灾害性事件(人为的或自然的)、所关注对象(生命安全、财产安全、应急反应部门的安全等)和仿真应用领域三个维度描述应急反应仿真框架,给出了框架主要组件的属性定义(建议)和典型剧情描述,根据当前应急反应领域仿真技术发展和应用现状给出了仿真工具所需的数据资源及其可能的出处,并从数据标准层面上讨论了应急反应仿真互操作问题。这是目前比较完整地研究应急反应仿真框架的一项工作。

美国军方 JSIMS(美军开发的新一代训练系统,给各军种联合训练提供共同环境)项目管理办公室提出分层的国家安全仿真框架,从突发事件管理、社会网络、基础设施保护、防恐、恐怖主义组织网络和反恐七个层面上建立仿真体系并建立各层次间的联系,从而对国土安全保护各个层面的问题进行研究和准备。

5.2.6 其他

美国弗吉尼亚大学开展应急反应效果评估技术研究,对效果评价体系和评价方法进行研究,为基于仿真的应急反应规划与过程优化提供评价准则。

欧洲关于仿真标准框架与地理信息标准框架(OGC 相关规范)集成问题的研究,重点关注传感数据与仿真数据的互操作问题。

欧美国家已开发出多个基于 HLA 的应急反应仿真与训练系统。

5.3 仿真技术在突发事件应急反应中的地位和作用分析

突发事件应急反应事务处理可以(但不限于)分为以下步骤(非严格顺序关系,有些步骤可并行执行)。

5.3.1 应急准备

为建立、保持和提高对突发事件的预防、保护、实时反应和恢复能力而采取的行动。从整体出发,应急准备应完成制定计划、建立队伍、建立系统、根据计划进行训练和演习等工作。从特定事件管理的角度出发,应急准备是一个持续的过程,包括风险识别、确定薄弱环节、确定所需资源等步骤,涉及各级政府、政府与私营部门、非政府组织之间的协调。

可能的仿真应用:应急反应预案的制定与优化(资源优化配置、行动优化)、人员训练、弱点分析、系统建设的辅助规划与仿真测试。

5.3.2 事件通告与评估

各级政府、私营部门和非政府组织通过相关渠道向专门管理机构通报事件、事件苗头及威胁(主要针对恐怖威胁)情况。专门管理机构根据情况汇报和相关情报、资料对事件和威胁进行初步评估,并根据情况初步开展信息共享和突发事件管理工作,必要时启动国家突发事件管理资源。

可能的仿真应用:灾害识别与监测、真实监测数据驱动的灾情预测与评估、辅助决策。

5.3.3 启动相应机制(部门与资源)

一旦将事件/威胁确定为国家级应急反应事务,则国家级应急反应执行部门将启动(事件)相关机构、调集所需资源,配合地方政府开展应急反应工作。

可能的仿真应用:备选行动方案评估与决策。

5.3.4 请求国家应急反应专门管理机构的帮助

省政府或国家相关部门(当需要与其他部门协同工作时)可向国家应急反应专门机构寻求帮助,该专门机构向其执行部门发出执行令,并由执行部门启动相关机构和资源。

可能的仿真应用:真实监测数据驱动的灾情预测与评估、备选行动方案评估与决策。

5.3.5 防止

收到事件通告后,国家应急反应执行部门将促成信息共享,以帮助评估、阻止或解决潜在事件。防止是指为避免事件的发生或阻止正在发生的事件进一步扩大而采取的行动,重在保护生命和财产安全。采取的应对措施可包括(主要针对恐怖威胁):威慑,加强检查,加强监视和安全措施,确定威胁的性质和来源,进行公共安全方面的监视与检查、采取防疫、隔离及免疫措施,必要时采取法律行动以阻止、瓦解犯罪行为的发生。

可能的仿真应用:实时监测数据驱动的灾情预测与评估、备选方案评估与优化(基于实时动态数据的行动方案优化)。

5.3.6 实时应急反应

事件发生后为消除事件的短期和直接影响而采取的行动,包括为了挽救生命、保护财产和满足人民基本需求所采取的行动,还包括执行应急反应计划、开展减灾活动等。具体行动可包括(但不限于):组织运送人员和物资到达受灾地区,建立应急反应指挥部和相关设施,提供司法、消防、医疗、交通、通信等方面的保障,人员疏散,采取措施以减少进一步的损失,开展搜索与救援,对受灾群众提供帮助,提供公共健康与医疗服务,清理废墟,恢复关键基础设施,控制和治理环境污染,保护应急反应人员的健康与安全等。

可能的仿真应用:实时监测数据驱动的灾情评估与预测、备选方案评估与优化(基于实时动态数据的行动方案优化)。

5.3.7 恢复

制定、协调并执行公共服务恢复和现场恢复计划。政府在个人、私营部门和非政府组织的配合下进行运作并提供服务,包括:确定需求并提供资源,提供住处并鼓励重建,对受灾民众提供长期关怀,对受灾社区进行恢复重建,配合使用减灾计划和相关技术,对事件进行评估以总结经验教训,开展研究以减少未来类似事件的发生并减轻影响。

可能的仿真应用:规划、仿真试验。

5.3.8 减轻事件后果

为减轻或消除事件对人员和财产的威胁,或为减轻事故后果及影响而采取的行动。这些行动可在事件发生之前、之中和之后进行,通常根据以往类似事件的经验总结而制定行动方案,旨在减轻事故程度、减少事件的发生以及减轻损失。

可能的仿真应用:实时监测数据驱动的灾情评估与预测、行动方案评估与优化。

5.3.9 解散

当受事件影响区域基本恢复正常之后,需解散临时组建的应急反应指挥部、遣散相关人员,并将长期的恢复和监督工作移交地方相关部门(必要时移交中央)。遣散时应考虑对一线反应人员提供帮助(减轻其在事件处理过程中所受冲击或伤害)。

5.3.10 补救

建立一种机制,定期或不定期对国家突发事件应急反应工作进行回顾,总结经验教训,发现薄弱环节,改善相关工作。

可能的仿真应用:弱点分析、方案评估。

5.3.11 事后报告

事件处理完毕后,事件处理协调机构根据各级政府、各参与方提供的反馈信息形成报告,总结事件处理过程的成功之处、存在的问题以及影响突发事件应急反应管理的关键环节。这类报告是进行应急反应准备的重要依据。

可能的仿真应用:过程重演与分析。

综上所述,仿真技术可对突发事件应急反应事务处理的各阶段提供支持。

5.4 突发事件管理仿真需求分析

突发事件管理正在朝综合管理的方向发展,并且,突发事件的管理具有层次性,需要国家、省、市和地区的相互配合。因此,需要专门的突发事件指挥调度系统(可以依托突发事件管理相关部门现有的指挥调度系统,进行适当改造),对突发事件和危机处置进行指挥调度,实现各个相关专业和部门之间的协同合作、统一指挥、统一调度,增强资源的共享和合理利用率,实现各级指挥调度系统的集成和统一。

图5-1为突发事件管理指挥调度系统构成示意图。突发事件当中的保护对象可能是交通系统、人或者重要场所。突发事件的管理可能涉及警务、交通、消防、防灾、救护、安全、军事、武警等部门,需要对其进行协调指挥。为了达成协调、指挥与控制的目的,需要探测系统、通信系统和信息系统的支持。探测系统对突发事件,特别是灾害情况进行实时监测与评估。此外,应急预案的选择和调整,应急资源(兵力与装备)的调集与指挥控制,都必须基于该监测信息。通信系统为突发事件管理体系的日常工作和战时指挥提供通信基础设施和通信保障。突发事件管理信息系统是一种分布式情报信息系统,提供信息共享机制,为突发事件管理体系的日常工作和战时指挥提供必要的情报信息。

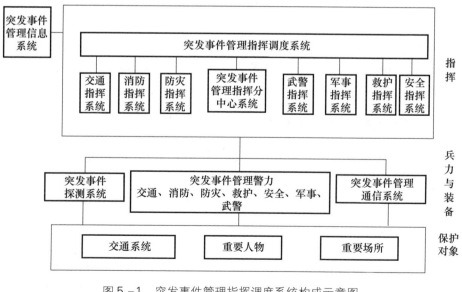

图 5-1 突发事件管理指挥调度系统构成示意图

由图 5-1 可知,突发事件管理是非常复杂的系统工程,必须基于良好的预案。平时,应根据可能的突发事件类型、可用的资源和相关部门现有的运行机制,制定各种应急反应预案,预案应协调各部门关系,明确职责,明确指挥控制关系,并给出行动流程。突发事件应急反应相关人员应针对各种预案的行动流程进行协同训练。战时,应根据实时监测系统的监测数据、当前可用资源的状况以及当前的应急反应目标,从预案库中选择合适的预案;必要时对预案进行适当调整,依托监测、信息和通信系统,实施预案,确保指挥控制有序、有效。

现阶段,仿真技术应主要用于对突发事件应急预案的设计、评估与优化以及人员的训练提供支持,未来,仿真技术可为调整战时预案和辅助决策提供支持。

5.4.1 突发事件应急预案评估和优化的仿真需求

突发事件具有突发性、涉及部门和学科领域多、影响范围广、造成的损失大等特点,这决定了突发事件应急反应管理是一项复杂的系统工程。其中应急反应规划的科学性和有效性、应急预案的可行性和有效性对应急反应的效果有直接影响。为此,需要对突发事件应急预案进行评估和优化。

预案的评估和优化包括两个方面:一是事先形成优化的预案;二是在安保事件处置过程中,根据现场态势,优化和评估下一步的处置措施。

预案是针对一些假设或想定做出的静态决策方案,决策者关心的问题包括:方案能不能在动态条件下满足预先制定的目标;哪些环节是决策过程中的瓶颈;实际决策过程是否按照预先想定的路线一步步执行下去,并达到要求。仿真可以对提出的预案进行演练,展现预期决策场景,模拟决策实施过程,预测决策结果。同时通过相应的评估可对预案提出改进,加以修正,既节省费用,又避免了决策上的重大失误。

5.4.2 指挥调度训练的需求

突发事件应急反应指挥调度系统是一个需要有一组熟练人员进行操作、控制、管理与决策的复杂系统,需要对这些人员进行训练、教育与培养。突发事件应急反应处置需要部门之间的联动和协调,要求各个部门和各级指挥人员具有熟练的协同指挥能力,这些难以通过真实的演习来达到,需要引入仿真训练系统。

分布交互式训练仿真系统因此得到广泛的注意。这类系统将分布在不同地点、行业已存在的各种不同类型的训练仿真系统和实际设备,通过计算机网络进行集成,从而实现更大规模的综合训练。分布交互式训练仿真系统在军事领域得到广泛应用,其典型应用包括美国联合作战指挥司令部举行的代号为"千年挑战 2002"(MC02)的联合军事演习。演习的目的包括作战概念效果测试、相关系统能力测试以及人员训练。演习采用实兵部队与计算机作战模拟相结合的方式。实兵演习在美国西南部加利福尼亚和内华达州的 9 个军事基地进行,计算机作战模拟则在 18 个模拟战场上进行。演习的虚拟环境包括约 15000 个供攻击的目标(如空防站、车辆等)、600 个作战平台及 400 种弹药,可产生出 110000 种交互。演习中约 20% 的战斗由实兵部队利用各种实际的设备/设施完成,80% 的战斗由计算机模拟完成;共有 13500 名各类人员(其中 2100 人在指挥所内)、70000 名计算机模拟兵力参加演习。

突发事件应急反应指挥调度训练系统应提供尽可能接近实际的逼真虚拟环境,保证指挥训练环境与安保指挥调度环境相一致,训练操作界面与安保指挥操作界面一致,在指挥手段上、训练方法上、用户接口上尽可能地与实际系统保持相同。

5.4.3 指挥调度辅助决策的需求

突发事件应急处置过程对仿真的需求以下列突发事件的处置为例说明。当某场所发生有毒气体泄漏时,比较理想的应急反应过程应该是:场所的监测系统立刻发现紧急情况并通过内部信息管理系统向场所安全管理部门发出警报;内部信息管理系统自动或由安全人员加强监测力度,启动监测数据处理系统和故障分析系统,尽快确定事故源和事故原因;内部信息管理系统自动或由安全管理人员向上级突发事件管理部门报告事故状态;上级部门启动事故预测与评估系统,将实时监测数据和最新气象预报数据注入预测模型,模拟有毒气体扩散过程,确定影响区域,并对事故可能造成的后果和影响进行评估;根据评估结果启动应急管理程序。

该过程反映了仿真可以在现场指挥时辅助安保人员进行决策,这样将极大限度地减轻指挥员的负担,使指挥员在系统的大量数据支持下能够冷静高效地处理突发事件,将人的情绪压力等因素带来的指挥决策失误、指挥决策延误等不稳定因素降低到非常小的程度。

5.5 突发事件管理仿真试验系统框架

突发事件应急管理仿真试验系统提供突发事件仿真试验的平台,可以模拟多种突发事件的发生和演变过程,可以对各种预案的实施过程及其结果进行演示和评估,主要服务于突发事件应急预案的评估与优化,以及人员训练。仿真系统框架设计同时应考虑未来的在线辅助决策需求。

可能的突发事件应急反应仿真应用系统包括:自然灾害应急反应仿真、人为灾害应急反应仿真、公共卫生突发事件应急反应仿真、恐怖或暴力事件应急反应仿真、大型活动应急反应仿真等。根据目前分布交互仿真技术的发展现状,对于上述仿真需求,可以用统一的仿真试验框架加以描述,并提供相应的仿真支持。

突发事件应急管理仿真试验系统框架由仿真应用和仿真环境两大部分构成,如图5-2所示。仿真环境是为突发事件应急管理的分析仿真应用提供一个通用的仿真技术框架,集成了必要的软件、硬件、数据支持和仿真试验管理平台。它由硬件设备、网络通信层、基础资源层、仿真支持层和仿真试验管理五部分构成。

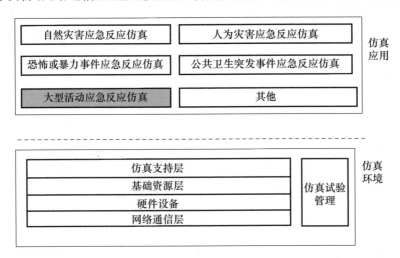

图5-2 突发事件应急反应仿真试验系统框架

基于仿真环境,根据不同的应急反应需求,可以构建不同的应急反应仿真应用系统。这些仿真应用系统可以接收不同的应急预案作为输入,可以模拟不同的突发事件及其演化过程,从而可以对不同方案的效果演示、评估与优化起支持作用,也可用于人员训练。

5.5.1 仿真应用系统结构

突发事件应急反应仿真应用系统采用高层体系结构(HLA)作为其集成框架。在HLA框架下,联邦成员(功能模块、仿真分系统)通过RTI构成一个开放性的分布式仿真系统(图5-3),整个系统具有可扩充性。其中,运行时间结构(RTI)是HLA仿真系统的核心,它作为分布式仿真的运行支撑系统,是联系系统各部分的纽带,用于实现各类仿真应用之间的交互操作;联邦成员可以是真实实体仿真系统、构造或虚拟仿真系统以及一些辅助性的仿真应用(如联邦运行管理控制器、数据收集器等)。在联邦的运行阶段,这些成员之间的数据交换必须通过RTI。

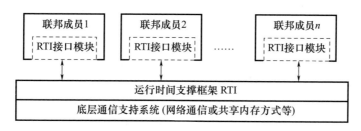

图5-3　HLA仿真体系结构

从整体结构上来说,HLA在体系结构上采用客户/服务器模式,在一定程度上实现"软总线"的功能,使联邦成员得以灵活地加入仿真执行。其中RTI的引入,将仿真应用模型、仿真支撑功能和数据分发及传递服务三方面分离开来。这样,作为仿真工作者就只要集中于仿真功能的开发,而不必涉及有关网络通信和仿真管理等方面的实现细节。

5.5.2　仿真系统与其他突发事件应急反应子系统的关系

5.5.2.1　应用于论证时的关系

突发事件应急预案的论证完全采用仿真系统。系统测试、应用研究和预案优化时,可引入部分实装,主要是信息显示系统。图5-4表示了仿真系统与信息显示系统的关系。图5-4也反映了仿真系统应用于论证时的构成和各个模块间的关系。

5.5.2.2　应用于训练时的关系

对高中层的突发事件应急指挥调度官员进行训练时,采用实际的指挥调度系统和信息显示系统(图5-5),使官员在真实的指挥系统前面训练,提高训练的逼真度,有助于实现战训一致。

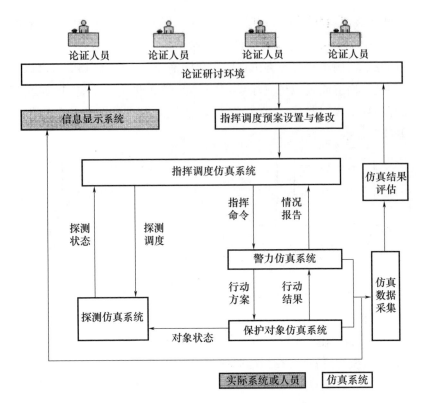

图5-4 仿真系统用于预案评估与优化

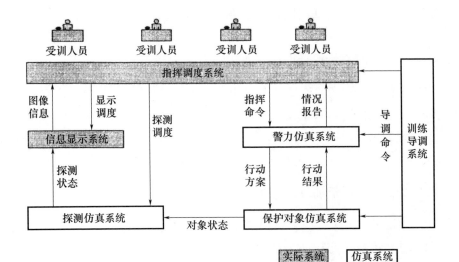

图5-5 仿真系统用于训练

指挥员使用实际的指挥系统,针对当前被保护对象的态势和警力情况,指挥虚拟警力(下达任务),由智能化警力模型能够按照规则,针对突发事件情况采取行动。警力的行动将影响对象的状态,变化后的状态通过探测系统获得后,在显示系统上为受训指挥员所获得。指挥员根据新的态势,下达新的指挥命令。

5.5.2.3 应用于决策支持时的关系

图 5-6 反映了仿真系统应用于支持现场决策时,与突发事件管理指挥调度系统的关系。当突发事件管理监测系统发现紧急情况并通过内部信息管理系统向指挥调度中心发出警报时,中心指挥人员启动监测数据处理系统和故障分析系统,尽快确定事故源和事故原因,掌握事故状态;然后将实时监测数据和最新气象预报数据注入仿真系统,加载处理预案进行推演;对事故可能造成的后果和影响进行评估,从而确认预案是否有效以及如何改进预案。

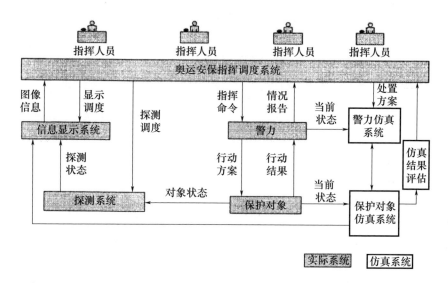

图 5-6 仿真系统用于辅助决策

5.5.3 突发事件应急反应仿真试验环境

突发事件应急反应仿真试验环境包括硬件设备、网络通信、基础资源、仿真支持和仿真试验管理等五个层次,如图 5-7 所示。

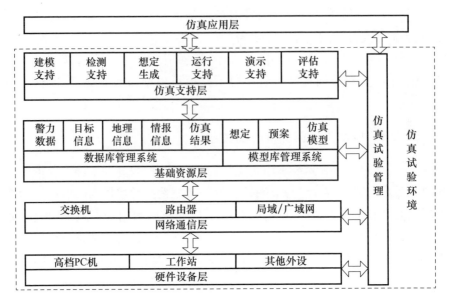

图5-7 系统仿真环境结构

5.5.3.1 硬件设备层与网络通信层

仿真系统的硬件设备层和网络通信层的具体组成见图5-7,包括中档工作站、高档PC机、高档便携机、网络连接设备、安全保密机、打印机、扫描仪、投影系统和音响系统等。硬件设备采用成熟的商业产品,操作系统采用Windows 2000、Windows 2000 Server和Windows XP等。网络通信协议内嵌于上述操作系统,网络设备实现局域网内部干线速率1000Mb/s、支线速率100Mb/s。另外配备成熟的商用网络安全和网络管理软件,确保局域网向广域网扩展时的网络安全与管理。通过防火墙软件和安全保密机可将局域网以1000Mb/s速率接入广域网。

5.5.3.2 基础资源层

基础资源层用于管理应急反应仿真所需的各种数据和模型。数据包括警力、保卫目标信息、交通信息、地理信息和仿真结果等,模型包括想定、仿真模型和评估模型等。

基础资源层为各类仿真资源提供注册、存储、查询、检索、提取、备份、恢复等服务,还可完成对仿真资源的检验、认证、统计、分析和整理等服务,确保仿真资源的独立性、可修改性、可扩充性和安全保密性。

5.5.3.3 仿真支持层

仿真支持层拥有完备的建模、检测、想定生成、运行、演示和评估等仿真支持工具和平台,能方便快捷地提取仿真资源,是仿真资源与仿真应用之间的重要信息桥梁。包括:

(1)建模支撑环境:主要包括实体建模环境和行为建模环境,由场所、交通、灾情建模工具构成。

(2)检测支撑环境:完成模型校验、仿真数据确认和应用系统可靠性考核等方面的工作。

(3)想定生成工具:想定是驱动整个仿真运行的数据集合,以领域专家提出的应急预案和研究需求为基础,所产生的仿真运行控制需求。想定生成工具对从预案到想定的转换提供支持。

(4)运行支撑环境:运行支撑环境为 LA/RTI。

(5)演示支撑环境:将仿真和分析结果直观形象地以三维场景、二维图表和数据报表等方式展现给观众,提供前进、后退、重播、暂停、停止、加速、减速、步进、步退、录像、取图等控制方式。

(6)评估支持环境:提供评估工具,对领域专家提出的评估需求提供支持。

5.5.3.4 仿真试验管理层

各种应急预案的仿真评估与优化,需要通过系列仿真试验才能完成。为了提高试验效率,需要对系列仿真试验进行管理和控制,提高仿真运行控制的自动化程度。

仿真试验管理是近年来新兴的研究方向,在实践中还缺乏统一的标准和认识,为了便于研究和系统设计,提出以下关键概念和术语:

(1)仿真试验:为了实现特定的目标或研究,在一定的硬件环境条件下,以一组数据作为输入,按规划的试验方案单次或多次运行仿真系统的过程称为仿真试验。

(2)试验规划:也可称为试验设计,指根据试验目的、输入数据、硬件环境、软件组成等,对数据—软件—硬件三者进行匹配,并确定运行次数和选择试验方法的过程。

(3)试验方案:存储试验规划结果的格式化 XML 文件。

(4)试验部署:也可称为试验展开,指根据试验规划,通过从资源库中提取数据和软件等资源,并通过网络在指定的硬件环境中向对应节点分发、配置的过程。

(5)试验调度:根据试验方案,通过网络远程启动、停止各个节点上的仿真程序,对其初始化和在运行过程进行监控等称为试验调度。

随着分布仿真应用的深入,从分布仿真系统运行管理发展到分布仿真试验管理,逐步提出了分布仿真试验的概念,并通过分布仿真试验管理系统(DSEMS)来实施。

分布仿真系统是一类分布式系统,由通过网络连接的多台计算机和运行在这些计算机上的多个应用程序及相关数据组成。分布仿真试验可以理解为经过设计的多次仿真系统的运行。分布仿真系统的运行一般包括运行准备、运行、运行后处理等几个阶段。在传统方式下,这些工作基本上通过手工进行,缺乏相应的软件工具支持,导致整个过程效率低下,自动化程度低,用户负担重,并且很难支持对系统运行的试验方法学设计,很难多次自动重复运行以获取可进行统计性分析的结果。另外随着计算技术的发展,机架式、刀片式计算设备在仿真中的应用出现逐步扩大的趋势,对这些基本不具备单个节点键盘鼠标等人机接口设备的计算环境,传统的人工运行方式已经无法适用。

分布仿真系统在运行上的不便已经严重阻碍了分布仿真技术的进一步发展和仿真手段向更广泛领域的推广。分布仿真试验管理系统就是对分布仿真系统的自动运行提供支持的软件工具。

仿真系统的运行首先需要进行设计,包括:描述运行所使用的软硬件、数据及其之间的关联关系;描述系统运行的属性,例如重复次数、单次运行时间、结束条件等。这种设计必须提供相应的软件工具进行创建和编辑,并且按照标准格式来描述,设计以方案文件方式保存并可反复使用的结果。

仿真系统的运行通过调度方案文件展开,调度主要包括两个方面:

(1)检测方案是否可以运行。可运行的基本条件是设计中使用的硬件节点都处于就绪状态、节点上配置运行的软件模块都已正确部署,如果未部署则还要求在资源库中可以提取等。对不满足运行条件的设计方案,系统从资源库中检查提取资源并通过网络自动分发部署到各节点完成安装配置。

(2)启动和停止系统运行。对经过检查可运行的设计方案按照描述远程启动节点和程序,或者停止程序关闭节点。对运行的程序进行初始化和其他运行控制,并在运行过程中对节点和程序运行情况进行监控。

第5章 突发事件管理仿真试验系统框架

对方案的运行调度通过相应的软件来完成,软件由中心节点上的运行控制程序和部署在各个节点上的守护程序组成,守护程序以系统服务的方式开发,配合运行控制程序实现各控制功能。

5.5.4 分布仿真试验管理系统

5.5.4.1 分布仿真试验管理系统在研讨仿真环境中的定位

如前所述,目前考虑的突发事件管理仿真应用主要分预案评估与优化和训练两类。其中,预案评估与优化相关的仿真应该是人在回路的研讨式仿真环境,为突发事件管理专家提供一个基于仿真的研讨环境,可以接受专家提出的预案并转化成仿真想定,对预案的执行过程和结果进行仿真、演示和评估,专家可以在此环境中研讨并优化预案。仿真训练则一般基于预先规定的想定,提供人在回路的训练环境。其中,用于预案评估与优化的研讨型仿真环境对仿真试验管理提出较高要求。分布仿真试验管理系统(DSENS)可对此提供支持。

当研讨仿真环境配备了 DSEMS 后,完整的论证、研讨型仿真流程便能顺利开展。如图 5-8 所示,整个仿真环境的应用流程起源于左上的综合研讨厅并沿

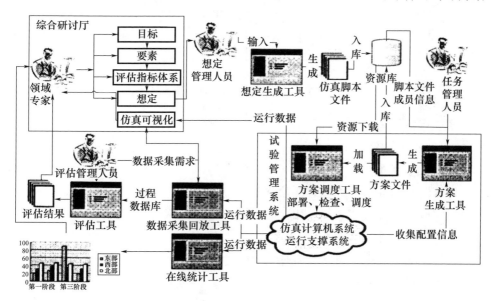

图 5-8 DSEMS 在研讨仿真环境中的定位

顺时针方向运行,DSEMS 位于右下线框内部分,由试验管理人员在资源库和运行环境支持下,通过试验管理系统进行试验设计和运行,所得到的结果通过统计、评估、可视化反馈给领域专家,形成闭环的使用流程。

5.5.4.2 DSEMS 系统软件

DSEMS 本身是一种分布式系统,由分布在每个节点上的守护端程序和中心节点上的方案生成和调度软件组成。守护端一方面接收中心节点的命令完成对各自所在节点的控制和监视,另一方面将各节点的静态动态信息收集报告到中心节点。中心节点除了与各守护端通信外,还与资源库连接完成资源的查询、下载等工作。整个系统结构如图 5-9 所示,图中虚线框内部分即为试验管理系统。

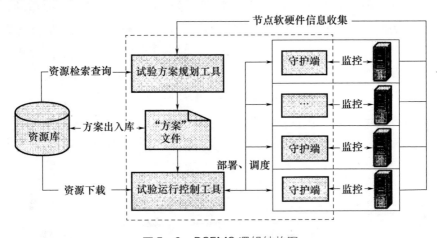

图 5-9　DSEMS 逻辑结构图

系统完整的运行流程如图 5-10 所示。整个系统的应用流程包括准备资源、方案生成和方案运行三个阶段。

1. 仿真资源准备

仿真资源准备是与试验运行独立的前提条件,一般是在组件或成员模型开发验收完成后进行,入库的资源即可为试验管理系统所用。

2. 试验方案生成

试验方案生成也是与试验运行独立的过程,可以离线生成多个方案备用,生成的方案也可以录入资源库存储。

3. 试验方案运行

试验方案运行即进行仿真试验,要求资源库、节点都处于服务状态,通过加载方案文件启动运行,实际上就是通过单一人机接口完成试验任务。

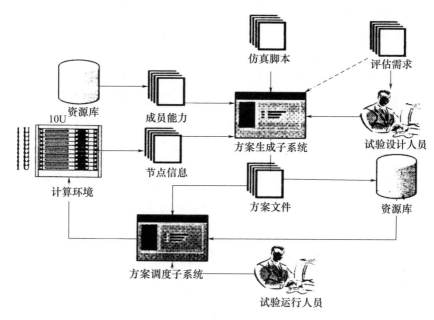

图 5-10 DSEMS 运行流程图

5.5.4.3 关键技术

1. 想定的格式化描述

想定是驱动整个仿真运行的初始化数据集合,同时也是制定试验方案的主要依据,试验方案的一个基本要求就是要覆盖想定描述的所有实体。想定中描述的内容可以用实体作为单位来描述,实体由某个仿真成员来负责仿真,成员所能仿真的所有实体类型称为成员的能力。在制定方案时需要以某个想定为输入,将该想定中描述的所有实体解析出来,但并不解释每个实体的初始化数据的含义,也就是说每种类型的实体可以有自己独特的初始化数据格式,只需要在实体层面上描述其通用信息即可。对于目前广泛采用的基于 XML 的想定描述,仅需对其格式进行以实体为单位的格式化即可。

2. 自动方案生成

试验方案的产生有一定的复杂性,为了保证用户可以快速生成一个符合要求的方案,在软件工具上提供一定的自动化是非常必要的。方案生成向导的基本工作过程是:

(1)解析想定提取所有实体数据；

(2)访问资源库查询所有仿真成员及其能力并决定使用哪些资源；

(3)查询并选择所需可用硬件；

(4)自动匹配生成基本方案。

在系统使用的早期阶段，自动生成的方案一般就可以满足系统运行的要求，随着用户对系统运行过程的熟悉，可以手工对方案进行进一步的调整以优化运行效率。

3. 基于组件的规划

组件是新的成员开发模式，相比传统的成员模式具有更好的可重用性和可组合性。DSEMS 支持组件式成员是技术发展的自然要求。由于组件式成员的结构以采用通用的组件成员运行框架为基础，加载不同的组件动态构建形成，因此其在描述、资源库存储、系统部署和启动等方面都有不同之处。通过将组件类与实体类对应，组件包以资源方式存储，部署组件包到节点上组件式成员运行框架目录指定位置，调用组件式成员框架可执行程序，以传递组件 ID 作为参数的方式运行等措施，可以实现对组件式成员的试验管理。同时通过兼容性设计还可以支持混合式的系统，即系统中既包括组件式成员也包括传统成员，这样也可以支持系统开发中成员模式的逐步过渡。

4. 易用的网络传输中间件

在中心节点和守护端之间通过网络进行通信，中心节点一般同时与多个守护端连接，而一个守护端也可能同时连接多个中心节点，为了简化中心节点和守护端的开发，将网络通信部分隔离出来实现。一个中间件有助于系统开发任务的划分和实现，也有利于替换通信模块支持不同的环境和提高性能。

5. 可靠的资源管理服务

资源管理服务提供了资源的存储、上传、下载、查询等服务，其访问接口包括 Web 和 C++ 接口两种：Web 接口主要用于用户直接对资源进行一些管理操作，如上传、查询等；C++ 接口提供应用程序对资源的访问，如查询资源信息和下载资源等。资源管理本身基于关系数据库开发，中心节点配置了数据库客户端，各节点并不直接与资源库发生联系。通过资源库的方式不仅可以对资源进行有效管理，还可以快速将系统迁移至新环境并展开。

6. 稳定的守护端

守护端相当于中心节点对各节点的监控代理，节点安装了守护端程序后其硬件资源即可为试验管理系统所用。守护端不仅要求完成各项监控功能，还要支持系统长时间运行的要求,不能因为守护端的问题导致试验中断。

7. 嵌入式的 HLA 代理

HLA 代理提供运行控制工具与仿真成员之间的通信渠道,是获取成员状态、实现初始化、运行等过程控制及多次试验过程自动化的关键。HLA 代理以动态库的方式实现一个成员,并嵌入运行控制工具运行。

第6章 高科技动感仿真娱乐设备

6.1 概 述

仿真娱乐设备,也叫动感仿真游艺机,目前还很难用一个确切的名字来描述,国外有人称它为仿真乘坐器(simulation rider),也有人称仿真器(simulator)或运动仿真器(motion simulator)等。其基本特点是在现代仿真技术基础上,借助计算机技术和控制技术,将运动、音像、光电等技术综合起来形成一种虚拟的复合环境,在极短的时间内将诸多的事件和场面连接起来,让乘客在极其安全的环境中领略空中飞行、太空历险、高速行驶、水下奇观等各种惊险、刺激、优美、壮观的场面,是一种集趣味性、知识性和娱乐性于一体,广泛适用于各类主题公园、游乐园、展览馆、交易会、购物中心、博物馆和旅游景点等场所的游乐设备。

一般来讲,动感仿真游艺机从功能上可分为运动系统、音像系统、控制系统三个部分。其中运动系统是通过机电、液压或气动为动力,形成单个自由度到多达6个自由度的运动状态,包括俯仰、滚转、偏航三个角运动和升降、前后、左右三个线运动,提供一种虚拟的运动环境,模拟各种运动姿态以及俯冲、拉升、拐弯、加速、后退、碰撞、震动等各种运动效果。音像系统通过各种不同的播映设备,播映预先制作好的专用节目,提供具有强烈动感的影视画面和高保真的立体音响效果。控制系统的核心任务就是根据不同的节目内容,提供相应的运动数据,并控制运动系统与音像系统同步运行,将运动、音像叠加起来,形成协调一致的娱乐环境。

动感仿真游艺机种类繁多,形式各异,但就其技术形态特点大体上可分为两种:舱式动感仿真设备和平台式动感仿真设备。舱式动感仿真设备自成体系,移动方便,机动性好,适用于中小城市。平台式设备一般与建筑物装饰成为一个整体,体量可大可小。大型仿真娱乐场所常常采用多个小的平台联动共享一个影视节目,规模多达数百个座位;小型仿真娱乐场所也有采用虚拟现实(VR)头盔的方式,个性化感受更好。

6.2 娱乐仿真的发展情况

6.2.1 娱乐仿真的起源

第二次世界大战后,和平与发展逐步成为世界发展的主题。军事科技和军事产品的生产需求大大缩小,而提高人民物质、文化、生活水平的需求日益增加,许多应战争年代的军事需求而发展起来的军事技术成果,开始向国民经济的各个领域渗透。仿真技术从20世纪70年代开始,也逐步应用到休闲娱乐行业。

美国是现代仿真技术发源地,也是动感仿真娱乐设备最先进、最发达的国家。1977年,Doron公司研制出了首台舱式动感仿真游艺机SR2,该设备采用16mm电影胶片,三自由度液压平台,最大乘客容量为12人。在此基础上,又通过投影系统、运动平台和乘坐环境等方面的改进,形成了SR2 – V、SRV以及平台式影院系统等多种系列产品,他们还独立制作多套影片,专门用于动感仿真设备。另外,一些军工单位也开始将军事研究中使用的运动平台转用于娱乐领域,成为动感仿真游乐设备的重要技术支持。

6.2.2 国外发展情况

到20世纪80年代,一批专门从事动感仿真设备开发生产的公司应运而生,如美国的Mcfadden、Iwerks、Catalyst Entertainment、Showscan、Ride &Show以及英国的Thomson公司等。这些公司的产品遍及舱式动感仿真器、平台式影院、超大屏幕动感影院等系统及其中的分系统和部件,整个行业呈现出勃勃生机。

进入20世纪90年代后,大批从事电影制作出身的公司逐步在动感电影行业发展起来,并与从事运动仿真设备的公司融合,成为了该行业的主导力量,如美国的Omini公司,瑞士的Super Cinema 3D system、加拿大的Imax公司等;与此同时,一些老牌的军工企业也伺机转入这一行业,成为这一行业的重要竞争力量,如美国的Moog、Chameleon、Vickers、加拿大的Simex等;另外一些小型的公司纷纷介入,专门从事该行业的分系统零部件供应、制片、系统集成、安装调试等。

到1995年,单美国国内就有60家以上的大小公司直接参与运动仿真设备的生产和节目制作,各种新的动感仿真设备的种类和质量也以前所未有的速度增长。

在美国、英国、加拿大等国的公司相互激烈竞争的时候,日本也凭借自己坚实的工业技术基础奋力跻身动感仿真游艺行列,其中三菱精密是日本在该行业中最成功的公司。日本三菱公司较有特色的产品是小型、交互操纵式的舱式动感仿真设备,其功能从模拟汽车、摩托车到飞机、列车等的驾驶。另外,日本以街机闻名全球的 Namco 和 SEGA 两家公司,也开始生产出带动感的交互式游艺机。

一时间,动感仿真设备风靡全球,很快传入中国国内,成为了我国广大民众喜闻乐见的娱乐项目,为改革开放中腾飞起来的中国经济增添了新的活力。

▶ 6.2.3 国内发展情况

中国的游乐行业从20世纪80年代初开始起步发展,早期的游乐设备均以单纯的机械运动为主,如过山车、海盗船、飞毯等,进入20世纪90年代后,动感仿真游艺机的概念及产品传入我国,成为我国游乐行业中最受欢迎的项目之一。

1993年,Doron 公司的第一台三轴舱式动感仿真娱乐器 SR2 在南京落户;一年之后,又一台 SRV 在苏州投入运行;1994年 Iwerks 公司的运动座椅式动感影院安装到北京九龙游乐园;1995年10月,新加坡协超科技与发展公司(ATD)与北京仿真中心、美国 Mcfadden、Mediamation 等公司联合生产的六自由度平台式动感影院也安装到了中央电视塔脚下;1996年,Thomson 公司的探险号三自由度舱式动感仿真游艺机(Venturer 14)也进入中国。与此同时,国内其他城市也陆续开始引进类似设备,如上海、深圳、广州等地。但进口设备价格十分昂贵,售后服务能力无法满足国内投资商的期望,使得很多投资商看得上却买不起,或者是买得起却修不起。不少设备引进后,风靡一时,昙花一现,而后就偃旗息鼓,销声匿迹,给国内投资商造成了巨大经济损失。

几乎在国外产品开始进入中国的同时,国内也开始自行研制类似的产品。国内产品的研制是我国科研人员在多年从事自动化武器控制系统研究仿真和飞行训练仿真的经验基础之上,借助国外产品的一些技术资料和经验,首先在航空航天领域中开始的。20世纪90年代初,北京仿真中心与兰天飞行器模拟中心的主要领导开始商讨将飞行模拟器改造为动感仿真游艺机的可行性。1993年,两家公司组织专门的研制队伍,开始联合研制我国自己的动感仿真游艺机。

经过一年多的艰苦努力,终于在1994年8月研制出首台仿真太空船样机。北京仿真中心抓住机遇,将仿真太空船运往深圳,参加1994年首届深圳航天博览会,引起国内业界人士关注,展会结束后就地销售给深圳香蜜湖渡假村,进驻当时国内顶级的游乐场。1995年、1996年,在国外产品竞相进入中国的同时,北京仿真中心又生产销售10多台产品,安装在兰州、贵阳、昆明、西安、珠海、太原等城市,还有两台销往宝岛台湾。

1997年4月,北京仿真中心与北京太空梭娱乐设备有限责任公司合作,利用技术与资本强强联合的优势互补,联合开发出第二代动感仿真娱乐设备——"挑战者号"时空穿梭机,产品一经面市,就深受广大国内投资商的喜爱,当年销售近30台产品,之后短短几年时间里,产品迅速占领国内上百个大中城市,遍及祖国的四面八方。1998年尽管受东南亚金融风波的影响,国内经济形势并不活跃,但时空穿梭机的销售情况仍然呈现良好的状态。

2000年前后,国内也开始出现了一批动感仿真设备的生产厂家,如中国航天总公司811厂、中国航空总公司博威公司、北京市凯明机电有限公司、都乐科技有限公司以及上海福勒斯电子模拟公司等。总的来讲,由于我国游乐行业发展较晚,游乐场所呈现小而分散的状况,这些公司大多都是小规模民营企业,同国外相比,技术上和创意上都有较大差距,整体规模十分有限。

2000年以后,仿真游乐设备从游乐场、商业购物中心等休闲娱乐场所,逐步转向科技馆、博物馆、规划馆等科技与展示中心,以及机场、火车站等交通枢纽,从大型中心城市向中小型城市普及,从沿海发达地区向内地欠发达地区延伸。在21世纪开启时,一批有活力的创新型公司,借助虚拟现实/增强现实(VR/AR)技术发展,科普娱乐市场的快速增长,在动感仿真领域开启了国产化的新征程。

6.2.4 北京仿真中心的贡献

北京仿真中心是仿真娱乐设备研制生产的先行者,从20世纪90年代初就开始把军用仿真技术推广应用到娱乐领域,1994年研制出首台舱式动感仿真娱乐设备——仿真太空船。在舱式仿真娱乐设备取得巨大成功之后,为进一步提高产品竞争力,1997年又研制出30座平台式动感影院系统,并相继在北京和南昌等地安装运行。1998年,一种可移动式太空梭也研制成功,投放国内市场后,又推起新一轮动感仿真的娱乐高潮。1999年,北京仿真中心成功研制出的六自由度动感仿真设备——摩幻飞舟MSS-68C系列产品,在国内动感仿真届一枝独秀,成为国内最大的高科技动感娱乐仿真设备生产厂家,规模最大的时候,在全球同行中名列前三。

这些产品通过赈灾义展和科普巡回展等方式,足迹遍布祖国大地。先后参加 1994 年深圳航天博览会、1996 年珠海国际航空航天博览会、1999 年香港工商博览会、1999 年广州市春季广交会、昆明世博会、1999 年深圳高交会、2000 年北京高新技术产业周等展示活动,深受广大游客的喜爱,获得了客户的广泛赞誉。

1998 年夏天"时空穿梭机"参加中华慈善总工会举办的"赈灾义展万里行"活动,途经泊头、石家庄、南京、杭州、南昌,最后抵达珠海,参加第二届国际航空航天博览会,历时 70 余天,驱车 5000 余 km。

1999 年 9 月,"摩幻飞舟"参加团中央少工委举办的"世纪科技之光——中国航天科技普及巡回展"活动,途径成都、南昌、西安、郑州等 40 个城市。北京仿真中心在业务经营取得成功的同时心怀感恩,将赈灾义演和科普巡回展所得款项捐赠社会,在东北灾区建设一所希望小学——天梭小学。

动感仿真设备的研制生产与发展过程,得到了各级领导的高度重视。江泽民总书记视察北京仿真中心的时候特别强调要将仿真技术应用到国民经济领域中,为国计民生提供服务;原国防科工委主任丁衡高、副主任聂力亲自接见科普巡展的工作人员;时任中国航天科工集团总经理夏国红、二院院长陈定昌亲自出席"摩幻飞舟"参加科普巡回展的启动仪式;时任中国航天科技集团总经理王礼恒在 1996 年首届珠海航展上亲自体验仿真太空船的精彩展示。

系列产品曾获得航天工业总公司科技进步三等奖,北京市军转民优秀项目二等奖,石景山区科技进步一等奖,成为航天领域转向国民经济领域应用的明星产品。

北京仿真中心牢记航天使命,不忘军工企业在高新科技方面的引领作用,将科普与娱乐结合起来,开发出"神舟号"飞船模拟器,安装在北京科技馆;承担深圳明斯克航母、天津基辅号航母武器装备的外形修复与资料收集工程,为全民军事科普娱乐应用,树立一个崭新的标杆;承担上海科技馆规划展示项目,最早将虚拟现实技术投入仿真科普娱乐。在新旧世纪之交,北京仿真中心开启和引领了仿真娱乐前沿技术的世纪先河。

6.3　娱乐仿真技术

不管何种仿真娱乐设备,其娱乐效果都是通过对人体的各种感知器官产生刺激来实现的。人体感知器官包括眼、耳、鼻、口、皮肤等,其中眼、耳是常用的感知器官。大约有 60% 的外界信息通过视觉获得,20% 由听觉获得,而触觉、味觉、嗅觉获取的外界信息大约分别占到10%、5%、5%。因此,娱乐仿真系统中,要针对人体不同的感知能力,通过各种技术的综合应用,提供娱乐感知的外部环境,形成人体能够感知的各种效果。

尽管娱乐仿真设备形态各异,受众群体差别很大,但娱乐仿真系统是一类典型的人在回路仿真系统,其涉及的技术主要在于与人体感官相关的影视技术、动感仿真技术、声效技术、多维环境仿真技术、运行控制技术等方面。

6.3.1 影视技术

视觉效果是娱乐仿真的重中之重,其表现手段主要通过各种影视技术来实现,主要包括影视制作、投影显示、存储、播放等技术。

6.3.1.1 影视制作技术

娱乐仿真系统中的影视与常规的影视制作相比,存在着很多不同的地方。首先单纯的影视娱乐主要是以故事情节介绍为主,通过旁观者的视角来欣赏;而娱乐仿真系统中的视角,则是以当事者的主观视角来参与其中,直接与场景中的事物进行交互。其次常规的影视作品中的场景通常根据需要频繁切换,而娱乐仿真中影视内容通常是采取连续镜头,场景切换与过度都是通过特技处理,始终保持镜头的连续效果。另外常规影视作品一般较长,持续时间在几十分钟到几小时不等,而娱乐仿真中主体影视内容相对较短,通常只有几分钟。

在仿真娱乐设备中,常常采用立体影视来增加节目沉浸感和影视效果。立体影视需要获取与左右眼相对应的两个视频图像序列,并保证两个序列中的每一幅画面能够准确可靠地一一对应。这些特殊影视节目的制作,可以采用摄像机实拍,也可以采用计算机动画制作,或者两种方式相结合。

1. 主观镜头实拍

主观镜头是以片中角色的观察点来拍摄的镜头。当角色扫视某一场面,或在某一场面中走动时,摄影机代表角色的双眼,显示角色所看到的景象,这就好比文章中的第一人称。在用主观镜头拍摄的时候,摄像机机位要随着角色的双眼位置变动而变动。这样,在影视回放的时候,观众就可以感受到与机位视觉感受相同的景象。

2. 计算机三维制作

利用计算机制作三维动画,也是常用的影视制作方法。首先要创建物体和背景的三维模型,然后让这些物体在三维空间里动起来,可移动、旋转、变形、变色等。再通过三维软件内的虚拟"摄影机"去拍摄物体的运动过程。当然,我们也要打上"灯光",最后生成栩栩如生的画面。在电脑上制作三维场景,需要使用建模软件工具,常用的建模软件有 3Dmax、Maya 等。

3. 立体影视制作

实际生活中,人以左右眼看同样的对象,两眼所见角度不同,在视网膜上形成的像并不完全相同,这两个像经过大脑综合以后就能区分物体的前后、远近,从而产生立体视觉。普通的电影或照片都是一个镜头从单一视角拍摄的,观看普通的投影画面时,影像都在同一平面上,左右眼接受的是同一个无视差画面,人只能根据生活经验(如近大远小、光线明暗)产生空间感。而立体电影是以两台摄影机仿照人眼睛的视角同时拍摄,在放映时亦以两台放影机同步放映至同一面银幕上,分别供左右眼观看,经过大脑合成,就可以逼真地产生空间立体效果。

拍摄立体电影时需将两台摄影机架在一具可调角度的特制云台上,并以符合人眼观看的角度来拍摄,从类似人两眼的不同视角摄制具有水平视角差的两幅画面。

采用电脑三维制作时,也要求两个虚拟摄像机的相对位置固定,并且在运动过程中保持两台摄像机路径完全一致。

在后期制作中,将两幅画面序列变形压缩合并成为一体,可以是左右压缩方式,也可以是上下压缩方式,或者将两个画面序列无变形地交叉存放,组合成一个新的画面序列,这样就可以保证在播放时左右眼看到的是同一时间摄制的画面。

6.3.1.2 影视投影技术

投影系统包括投影设备、光路和显示屏幕三部分。影视成像光路一般分为前投和背投两种方式。其中前投方式是最常见的,投影设备安装在观众一侧,光路向前将影像投影在正前方的屏幕上成像;背投是投影机射出的光线,经过传输光路后,从屏幕背面穿透屏幕,在屏幕上成像,再传输到观众眼中。前投方式的显示屏幕通常采用玻璃幕或者金属幕;而背投方式的显示屏幕通常采用半透明的材料制作而成。

除了屏幕之外,影响投影的关键因素还在于投影设备本身。娱乐仿真系统中所应用的投影显示设备,包括电影放映机、CRT 三枪投影、LCD 单枪投影、DLP 投影、激光投影等。

6.3.1.3 平板显示技术

要产生大画面的显示效果,除了采用投影技术外,还可以采用一体化的平面显示器来实现。最早的显示器也是采用 CRT 显像管来实现,但由于显像管自身的长度在结构上决定了显示器的厚度,导致这种显示器无法进一步缩小体积,因此在市场上已经逐渐退出。而以等离子、LCD、LED、OLED 等为基础的平板显示技术,成为了大屏幕显示的主流方式。

6.3.1.4 立体显示技术

通过在屏幕前增加光栅产生立体投影效果,不需要观众进行任何配合就可以观看立体画面,一直是人们追求的立体投影方法,但长期以来,在效果上没有实质上的突破。其中一种办法是采用幕前辐射状半锥形透镜光栅,试验中的确实现了立体投影显示效果,但对观众的座位区域位置有严格限制,观众头部不能随便移动,否则立体效果随即消失,因此观众的立体体验感很差。

比较实用的方法是让观众戴上立体眼镜观看。放映立体电影时,将两台放影机以一定方式放置,并将两个画面点对点完全一致地、同步地投射在同一个银幕内。已经制作好的立体影片中,都包含了左右两只眼睛所观看的画面序列,投影过程中要将两个序列分别投影到屏幕上,并且让观众带上立体眼镜,使观众左眼看到的是从左视角拍摄的画面序列、右眼看到的是从右视角拍摄的画面序列,通过双眼的会聚功能,合成为立体视觉影像。观众看到的影像好像有的在幕后深处,有的夺眶而出似伸手可攀,给人以身临其境的逼真感。

在戴眼镜观看的立体电影中,广泛采用光分法(偏光眼镜法)、色分法(彩色眼镜法)和时分法(电控眼镜法)等三种方法。此外采用立体头盔眼镜,将眼镜的镜片直接变成显示屏,使左右两幅画面直接显示到对应的左右眼面前,而且还可以随着人头的转动而转动,从而进一步增强观众的沉浸感,使画面立体效果更好。

1. 光分法

放映时通过两个放映机同时播放两个摄影机拍下的电影,在屏幕上就会同步出现两组有差别的图像。

在每台投影机的镜头前加一片偏光镜,一台是横向偏振片,一台是纵向偏振片(或斜角交叉),这样银幕就将不同的偏振光反射到观众的眼睛里。观众观看电影时亦要戴上偏振光眼镜,左右镜片的偏振方向与左右投影机相互搭配,如此左右眼就可以各自过滤掉不合偏振方向的画面,只看到相应的偏振光图像,即左眼只能看到左机放映的画面,右眼只能看到右机放映的画面。这些双眼看到不同的画面经过大脑综合后,就产生了立体视觉影像。

这种投影方式采用的屏幕,必须是不破坏偏振光特性的金属屏幕,肉眼观看时,呈现的是重叠的双影,戴上偏振光眼镜,才可以将双影分开,获得立体效果。

2. 色分法

色分法又叫彩色眼镜法,它是把左右两个视角拍摄的两个影像,分别以两种不同的颜色,如红色和蓝色,重叠印到同一画面上,制成一条电影胶片。放映时可用一般放映设备,但观众需戴一片为红色另一片为蓝色的眼镜。使通过红色镜片的眼睛只能看到红色影像,通过蓝色镜片的眼睛只能看到蓝色影像,两只眼睛看到的不同影像在大脑中重叠呈现出三维(3D)立体效果。画面在放映时仅凭肉眼观看就只能看到模糊的重影,而通过对应的红蓝立体眼镜就可以看到立体效果。色分法有红蓝、绿红、棕紫等多种模式,但采用的原理都是一样的。此法的缺点是观众两眼色觉不平衡,容易疲劳;优点是不需要改变放映设备。初期的立体电影常用这种方法。

3. 时分法

时分法是根据立体画面序列显示输出的情况,通过两个镜片的电子控制,切换左右眼镜片的开闭状态,使得人的每只眼睛只能看到对应的画面序列(透光状态下),在左眼画面序列显示的时候,开左眼镜片,右眼画面序列显示的时候,开右眼镜片,双眼看到不同的画面,从而形成立体成像的效果。

时分法需要进行频繁的画面切换,也就需要显示器可以提供足够快的刷新速度,才能避免画面的闪烁,通常显示器都要求提供120Hz的刷新速度,这样才能保证切换的双眼画面达到基本的60Hz,从而保证显示效果。当然,高于120Hz的刷新率会获得更好的效果,画面闪烁情况也会进一步减少。

时分法所采用的同步工具,同时带有景深调整的功能。需要显示器和3D眼镜的配合来实现3D立体效果。时分法所采用的立体眼镜构造最为复杂,成本也最高。随着显示器件刷新速率的提升和电子控制眼镜的稳定性提升,未来采用电子时分法的立体投影显示技术,更具发展空间。

6.3.1.5 大屏幕拼接技术

在娱乐仿真系统中,经常采用大屏幕拼接技术,通过巨型显示屏幕、环形屏幕、穹幕等方式,使视觉效果更具震撼力。大屏幕拼接主要有以下几种。

1. 投影单元拼接

这种拼接方式首先将一幅画面分割成为 $M \times N$ 块,形成多路视频,再通过多路投影设备进行投影,形成一幅完整的巨型画面,使投影画面在像素质量不降低的情况下,图像实际尺寸扩展若干倍。最常用的分割方式是:1×2 屏、1×3 屏、2×2 屏。投影机可以采用各种类型的机型,如 CRT 三枪投影机、LCD 单枪投影机、DLP 投影机、激光投影机等。早先的大屏拼接系统中,这种方式经常使用。随着投影机的升级换代和数字图像处理技术的发展,这种方式已经很少使用了。

2. 平面显示单元拼接

把平面显示器件制成标准尺寸的显示单元,通过显示单元任意拼接,可以构成不同尺寸的大屏幕显示系统。显示单元可以是等离子显示器、LCD 显示器,或者 LED 显示单元。随着 LED 显示技术的快速发展,平面显示单元拼接的应用,逐步成为大屏幕显示的主流模式。

3. 环幕投影拼接

利用多台投影设备平行排列,可以构建环形屏幕拼接投影系统。环幕投影系统视角范围通常在 100°～360°不等。由于其屏幕宽大,观众的视觉完全被包围,再配合环绕立体声系统,可以使参与者充分体验一种高度身临其境的三维立体视听感受,获得一个具有高度沉浸感的虚拟仿真视觉环境,是传统平面显示设备不能比拟的。

4. 穹幕拼接

穹幕拼接屏利用穹顶将观众的水平视角和垂直视角,全部包含在屏幕画面之中,让参与者产生身临其境的感觉,尤其适于表现宇宙、大地、海洋等大场面的影片。

穹幕投影拼接系统可以通过多组投影机,无缝拼接投影到穹顶的屏幕,也可采用高清 LED 屏拼接替代投影屏幕作为画面显示载体。

6.3.1.6 影视存储技术

1. 电影胶片

电影胶片是将感光乳剂涂布在透明柔韧的片基上制成的感光材料,包括电影摄影用的负片、印拷贝用的正片、复制用的中间片和录音用的声带片等。这些胶片的结构大体相同,都由能感光的卤化银明胶乳剂层和支持它的片基层两大部分组成。

2. 磁带

磁带是一种用于记录声音、图像、数字或其他信号的载有磁层的带状材料,是产量最大和用途最广的一种磁记录材料。磁带按用途可大致分成录音带、录像带、计算机带和仪表磁带 4 种,娱乐设备中都是使用录像带。

3. 影碟 LD

激光视盘(laser disc,LD)是 20 世纪 80 至 90 年代中流行于电视、电影和卡拉 OK 的双面视频光盘。由于使用模拟方式储存,信号稳定,无信号损失问题,被少数爱好者视之为珍藏品。

4. VCD

VCD(video compact disc)采用由索尼、飞利浦、JVC、松下等电器生产厂商于 1993 年联合制定的技术标准,尺寸大小为 120mm,存储容量为 700MB。VCD 制作成本比较低,应用十分广泛。

5. DVD

DVD(digital video disc)的缩写,又被称为高密度数字视频光盘,是一种光盘存储器,通常用来播放标准电视机清晰度 DVD 的电影。DVD 分别采用 MPEG-2 技术和 AC-3 标准对视频和音频信号进行压缩编码,图像清晰度可达 720 线。

6. 数字硬盘

硬盘是计算机主要的存储媒介之一,由一个或者多个铝制或者玻璃制的碟片组成。硬盘有固态硬盘(SSD 盘)、机械硬盘(HDD 传统硬盘)、混合硬盘(hybrid hard disk,HHD)三种。随着存储量的不断增加,基于硬盘的存储方式,又出现一些新的方式,主要包括磁盘阵列存储、光纤存储、网络存储、云存储等。这些技术应用,主要解决分布式海量数据的存储需要。

6.3.1.7 典型影视节目

不管以什么方式存储,节目内容都是仿真娱乐设备的核心和灵魂。20 世纪 90 年代流行的进口和国产影片,动感仿真节目清单见表 6-1。这些影片给当时的人们留下了难以忘怀的美好记忆。

表 6-1 动感仿真节目清单

编号	片名	译名	版权	录象带	Beta 带	CD-ROM	VCD	LD	DVD	胶片
1	太空废墟	On the Other Planet	引进	*						
2	BTV 航天记	Space Travel	自编	*						
3	神奇乐园	Magic Amusement Park	委托制作	*			*			
4	漂流	Drafting	委托制作	*			*			

续表

编号	片名	译名	版权	录象带	Beta带	CD-ROM	VCD	LD	DVD	胶片
5	火星夜行者	Night Rider	引进	*	*	*	*			
6	飞车历险	Smash factory	引进	*		*	*	*		
7	太空警察	Space Cops	引进	*		*	*	*		
8	超级过山车	Super Roller Coaster	引进	*		*	*	*		
9	小蜜蜂	The Bee	引进					*		
10	环球旅行	Around the World	自制	*	*	*	*			
11	漫游太阳系	The Solar Travel	自制	*	*	*	*			*
12	太空之旅	To The Space	自制	*	*	*	*			*
13	飞向未来	To The Future	自制	*						*
14	海底探险	Diving in the Deep	引进			*	*	*		
15	冰川峡谷	The Ice Glacier	引进			*	*			
16	太空过山车	Space Roller Coaster	引进			*	*	*		
17	火山口之旅	Through The Volcano	引进			*	*	*		
18	猪八戒战太空	Bajie In Space	引进			*	*	*		
19	魔鬼赛车	Mad racing	引进			*	*			
20	霹雳飞车	Super Racing	引进			*	*			
21	地震大逃亡	Escape from Earthquake	引进			*	*			
22	时光之门	Gate to The Time	引进			*	*			
23	阿德米达太空站	Space Station	引进			*	*			
24	新封神演义	Trip to the Heaven	自制	*	*		*			*
25	疯狂迪士尼	Mad Disney	引进			*			*	
26	太空战舰	Space Warship	引进			*			*	
27	古堡幽灵	Ghost in Ancient Town	引进			*			*	
28	重返侏罗纪	Back To the Jurassic	引进			*			*	
29	浪漫阿里巴巴	Romantic Ali baba	引进			*			*	

6.3.2 动感仿真技术

物体的空间运动,不管多么复杂,都可以分解成为6个相互独立的运动模态,当然不同的运动体具有不同的运动模态组合和不同的运动范围。通过仿真系统研究人在运动环境中的感受,具有十分广泛的应用需求,如飞行训练仿真、汽车驾驶训练仿真、宇航飞行科普仿真、娱乐仿真系统等。

人对运动的感受,并不是同等程度的对所有的运动状态同样敏感,起关键作用的往往只是其中的一部分状态。动感仿真就是要在有限的空间范围和时间范围,以有限的运动模态种类和运动能量,构造各种复杂运动环境,使人产生在无限空间运动的效果。

物体在空间的运动存在 6 个维度,如图 6-1 所示,即沿 x、y、z 三个直角坐标轴方向的移动维度和绕这三个坐标轴的转动维度。物体只有在立体空间不加任何限制的时候,才真正具有 6 个维度的自由度;而在实际物理世界,并不是所有的维度都是自由的,例如把物体限定在平面中,其运动就只有 3 个维度是自由的,一是在平面内的旋转,二是前后和左右两个维度的移动,这就是说平面内只有 3 个自由度;同样的道理,通过机械铰接或者连杆等结构,对物体运动进行部分维度的限制,可以使物体的自由度呈现不高于 6 个自由度的各种状态;要完全确定物体的位置和姿态,就必须对这 6 个自由度全部进行限定。

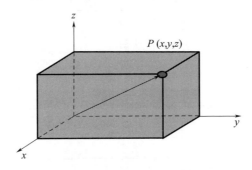

图 6-1　物体空间运动的六自由度示意图

运动模拟最常用的手段就是运动平台,它主要由动力系统、台体结构、运动铰链或连杆等限制机构、直线运动或角运动执行机构、控制系统等组成。通常一个执行机构,代表一个自由度,其余的自由度需要通过限制机构进行限定,平台才能稳定。

在娱乐仿真设备中,最常见的运动平台是六自由度运动平台、三自由度运动平台和动感座椅。

6.3.2.1　六自由度运动平台

典型的六自由度运动平台的结构如图 6-2 所示。通过 6 个独立的直线运动执行机构,将上下两个平面连接起来,其中下平面通过紧固件与地面固定连接,执行机构两端采用球头万向铰接方式连接。当6个执行机构在控制系统的精确控制下相互配合运动的时候,上平面就可以形成各种运动模式,包括升降、前后、左右3个方向的线运动,俯仰、滚转、偏航3个方向的角运动,从而可以模拟出各种空间运动姿态。这就是通常所说的六自由度运动平台。

受运动执行器的行程和速度限制,以及运动动力系统的功率和负载能力的限制,实际运动平台性能指标都是有限的。

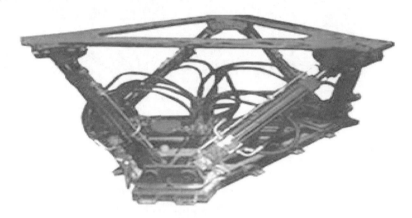

图6-2　六自由度运动平台

6.3.2.2　三自由度运动平台

在大多数运动平台结构中,一个执行机构通常代表一个自由度,在很多特定仿真场景中,人体能感受的运动模态比较有限,考虑到设备的经济性,为降低成本,可以选择采用低于六自由度的运动平台。

将运动平台的上下两个平面通过铰链或者连杆限制机构连接起来,限制平台前后、左右的线运动和偏航侧转的角运动,只保留3个直线运动执行机构,连接上下两个台面,就构成了一种典型的三自由度的运动平台,实现一个升降线运动和俯仰、滚转两个角运动。三自由度运动平台如图6-3所示。

6.3.2.3　动感座椅

对于一些小负载的平台,通常把座椅与上平台制成一体,形成运动座椅组合,如图6-4所示。座椅下方的平台可以选择更多的结构种类,自由度可以从单自由度到六自由度不等。

图6-3 三自由度运动平台

图6-4 动感座椅平台

6.3.2.4 关键运动仿真部件

在运动仿真系统中,根据运动执行机构需要的动力类型的不同,动力系可分为电动、气动和液压三种类型,相应的执行机构也分别为气动执行机构、电动执行机构和液压执行机构。气动执行机构结构简单,重量轻,工作可靠并具有防爆特点,在中、小功率的化工石油设备和机械工业生产自动线上应用较多,气动执行机构包括气缸和气动马达。液压执行机构功率大,快速性好,运行平稳,广泛用于大功率的控制系统,液压执行机构包括液压油缸、摆动液压马达和旋转液压马达等。电动执行机构安装灵活,使用方便,在自动控制系统中应用最为广范,电动执行机构包括直流伺服电机、交流伺服电机和直线电机等。

6.3.3 声效技术

声效系统主要包括音源、播放器、功率放大器、音箱等部分,其中音源通常是与影视载体合二为一,如电影胶片、录像带、VCD、DVD、数字硬盘等存储介质都有相应的声效存储功能,在影视播放的时候,同时读出相应的音频信号,并通过功率放大后,由音箱还原形成环境的声音效果。

声效制作是娱乐节目制作的一个重要环节,随着电子声效技术发展,数字合成已经成为声效仿真的主流技术。各种场景的声效数据库的建立,使影视配音工作更为便捷。

6.3.4 多维环境仿真技术

在娱乐仿真系统中,除了影视和运动之外,周边多维环境的仿真也十分重要,如烟雾、雷电、风雨、气味等,可以进一步加强观众的沉浸感和互动性,达到更好的娱乐效果。

6.3.4.1 烟雾仿真

娱乐仿真系统通常采用舞台用的烟雾机模拟环境中的烟雾效果,来烘托现场气氛,增强视觉效果。烟雾机按照工作原理可以分为传统加热包式、加热管式和压缩机虹吸式三种。

6.3.4.2 雷电仿真

雷电仿真除了雷声之外,还使用闪光灯来模拟闪电。仿真娱乐设备中使用的闪光灯多是采用氙气灯,它的电路原理和相机的类似。不过因为使用的是市电,能源充分,不必像相机那样需要电容储能,所以能连续密集地闪烁。

6.3.4.3 风感仿真

风感仿真实际上采用的是电风扇,只是在控制上采用电子调速器,对风扇电动机进行无级调速,可以模拟不同强度的自然风。

6.3.4.4 雨水仿真

为配合场景中下雨的情节,常常需要在仿真娱乐设备中,产生水滴,让观众逼真地感受下雨的环境。通常在座舱顶部安装水槽或者水管,配合画面,同步控制水滴流出,滴落在观众的身上,让观众产生下雨的感觉。

6.3.4.5 嗅觉仿真

通过气味产生器,发出香料混合剂,在仿真环境中产生与节目内容相对应的气味,刺激观众的嗅觉,就实现了嗅觉的仿真。气味基本设置包括有热带雨林、花、海洋、燃烧的橡胶味、火药等味道,也可以根据特殊需要定制一些特定的气味。

6.3.4.6 触觉仿真

通常可以通过力反馈触觉马达,给操作者提供操纵的触觉效果,或者采取可以加湿、加热和制冷的风机,让乘坐者在观看虚拟影像的同时,感受到迎面而来的风暴、雨滴、水雾、拍腿等事件。这些触感可以进一步增强娱乐仿真的临场效果。

6.3.5 仿真运行控制技术

娱乐仿真的控制系统是整个设备的大脑。在设备运行过程中,控制系统要感知操作员发出的各种操作指令,根据运行控制指令,按时序控制各类环境仿真设备的启动和停止,协调各个分系统之间的同步运行,控制运动执行机构的运行幅度和速度,将各个分系统的仿真效果融为一体,最终形成人体可以感受的娱乐环境。

6.3.5.1 操作控制与状态显控

1. 操作控制

操作控制箱是控制系统中的主要组件,主要功能是提供操作界面和与其他部(组)件之间接口,并对系统运行状态进行显示与监控。

操作控制箱用于操作系统的启动、运行、停止、节目选择、紧急停止等指令,实现对伺服油源和舱内设备的控制。

2. 状态显控

设备运行状态主要通过一系列指示灯来显示,当设备处于不同状态时,这些指示灯会被点亮、熄灭或者闪烁,有一些状态通过多个指示灯的组合方式来显示,主要的运行状态显示方式详见表6-2。

表 6-2 系统显控状态说明表

状态指示灯	状态说明
控制电源	红色。控制系统加电时,指示灯亮
电机加电	红色。电机启动时,指示灯亮
液压系统加压	红色。液压系统加压时,指示灯亮
油温	红色。油温正常时熄灭,出现故障时指示灯亮
系统准备就绪	绿色。系统自检完毕,准备就绪时灯亮
设备故障连锁报警	红色。出现任何设备故障时指示灯亮,并对控制系统进行锁止
节目运行指示	绿色。选定节目后,相应序号指示灯亮
紧急停止报警	红色。紧急按钮按下时,指示灯亮
运行状态	停止指示灯闪烁时
暂停状态	运行指示灯和停止指示灯同时是快速闪烁
停止状态	运行指示灯闪烁

3. 运行控制

设备运行控制主要包括运行准备、自检、运行、停止、暂停、紧急停止,主要的操作过程见表 6-3。

表 6-3 设备运行控制操作说明表

操作名称	操作说明
电源控制	由一个3位开关(其中一个是自动复位)组成。开关处于"关"位置时,操作控制箱没有电,系统不能工作;开关处于"开"位置时,操作控制箱加电,系统可进入工作状态;开关处于"启动"位置时,系统进行初始化和"自检"。只有在"系统准备"指示灯闪烁时,才能将"控制电源"开关搬到"启动"的位置
运行控制	由一个带指示灯的绿色按钮组成。系统完成"自检"过程后,此运行指示灯开始以 1Hz 频率闪烁,此时按下该按钮,系统开始自动运行;当运行指示灯和停止指示灯同时快速闪烁时按下此钮,系统恢复运行状态;当伺服箱处于"手动"位置时,运行按钮指示灯熄灭
运行停止	由一个带指示灯的红色按钮组成。当系统运行时,首次按下停止按钮,系统运动停止,运行按钮和停止按钮均快速闪烁。此时若按运行按钮,系统继续运行;若再次按下停止按钮,系统将回到初始位置,结束本次运行
紧急停止	由一个带指示灯的旋转复位按钮组成。按下此按钮,伺服动力液压油源将被强制停止。只有在紧急情况下才能使用此按钮,随便使用此按钮,可能会导致设备损坏
电机控制	由一个双联按钮开关和两个指示灯组成。按下"ON"按钮,主电机启动,电机指示灯(绿)闪烁;电机运行稳定后,电机指示灯由闪烁变成点亮状态;按下"OFF"按钮,电机指示灯熄灭。注意,在电机指示灯闪烁时及系统运行过程中,不能按动电机停止按钮

续表

操作名称	操作说明
加压	由一个双联按钮开关和两个指示灯组成。按下"ON"按钮,伺服油源加压,压力指示灯点亮;按下"OFF"按钮,伺服油源卸压,压力指示灯熄灭。电机没有启动时,压力"ON"不起作用
节目选择	由一个按钮和8个指示灯组成。可进行节目选择,每按下一次按钮,节目序号顺序递增一个。系统运行时,节目选择按钮无效

4. 设备控制

在系统准备和运行维护阶段,还有很多单个设备的操作与调试,这些设备的控制通过操作控制箱来完成,或者采用专用的辅控箱完成。设备控制操作说明书见表6-4。

表6-4 设备控制操作说明表

操作名称	操作说明
照明控制	控制座舱内的灯光开闭,分自动和手动两种状态
空调控制	根据环境需要控制座舱内的空调启停
登机梯控制	控制登机梯位置状态,满足乘客上下需求
舱门控制	控制座舱门的开闭,在运行状态中,将舱门锁闭
平台手动控制	在伺服控制箱上,选定的需要调试的执行机构,通过旋钮式电位计,手动控制执行机构的伸缩,来检测执行机构的运行状态是否正常

6.3.5.2 时序逻辑控制

在设备状态正常的情况下,仿真娱乐设备的运行,基本上是由计算机程序控制的自动运行状态。通过操作面板上的状态指示灯的状态显示,操作员可以很方便地确定下一个操作的按钮,发出各种运行控制指令。

6.3.5.3 运动伺服控制

运动控制系统接收到计算机发出的运动指令后,经过信号放大,形成驱动运动机构的控制信号。在动力系统的作用下,执行机构开始运动,到达指定位置,位置传感器检测到执行机构的实际位置,形成位移反馈,在反馈信号与指令信号相抵消时,放大器的输入为零,执行机构停止运行。

位置伺服系统的控制,还需要根据液压系统和电动系统的执行机构种类,进行适配选择。单通道油缸伺服控制工作原理如图 6-5 所示。

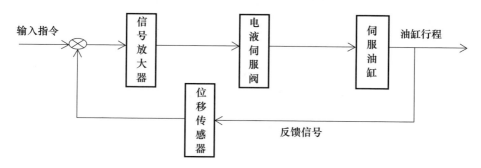

图 6-5　单通道油缸伺服控制工作原理

娱乐仿真系统中,通常包含多个运动执行机构,控制系统针对每个执行机构分别实施控制,综合后形成系统的运动效果。

6.3.5.4　运行同步控制

娱乐仿真系统中的运动、音频、视频、灯光、烟雾、风雨、气味等,每一种状态的控制,都可以看成是一个分系统,这些系统需要关联在一起,随着时间进行同步运行,在特定的效果时点,形成特定的效果。同步控制是多维系统运行的一个关键环节。

在早先的同步控制中,都采用运动数据播放初始同步控制方式,在标定的时点启动其他的效果模拟设备。随着系统运行时间增加,同步误差会逐步增大,同步效果受到一定程度的影响。

6.3.5.5　播控一体化控制技术

随着计算机技术的发展,计算机的运行能力越来越强,传统的音视频播放设备,逐步转到计算机上完成。特别是一些特种影视节目的播放,如高清视频、立体视频、环幕视频等,利用传统的影视播放设备,已经无法完成,必须依靠计算机的强大功能和电脑联网协同控制技术来实现。这样,以音视频播放为主线的同步方式也成为可能。

在这种模式下,系统运行以视频播放器为主操作界面,在播放过程中,通过提取影视节目的画面帧指针,换算成相应的时间,再驱动其他各个分系统的运行状态,以及运动系统的数据指令输出。通过这种方式,实现音视频与运动数据,以及其他各分系统的过程精确同步,消除了不同时钟运行过程中的时间误差积累,有效解决了较长时间的音视频播放与运动同步控制问题。

6.3.5.6 控制计算机

控制计算机是控制系统的运行载体,通常采用工业计算机,配置各种控制功能模板和控制接口板,实现对外的数字量和状态量的控制。常用的控制计算机有总线控制计算机(standard data,STD)和工业控制计算机(industrial personal computer,IPC)。

1. 总线控制计算机

总线控制计算机工控系统采用笼式机箱的结构,系统运行较为稳定,但其操作界面和信息显示不够友好,在早先的产品中较为常见。

2. 工业控制计算机

工业控制计算机,与具有普通个人电脑相似的属性和特征,具有计算机CPU、硬盘、内存、外设及接口,并有操作系统、控制网络和协议、计算能力,通常采用总线结构,安装在19寸标准机柜中,在娱乐设备中更为常见。

3. 控制模板

无论是STD总线工控机,还是PC总线的工业控制计算机,其对工业设备的控制,都是通过各种功能模板来实现的,这些模板通过金手指插接方式,安装到总线槽中。最典型的功能模板见表6-5。

表6-5 工控机板卡功能说明表

模板名称	功能说明
A/D板	实现电压模拟量向数字量的转化。通常电压范围为0~5V,8位数据量
D/A板	实现数字量向模拟量转化
I/O输入板	将外部输入的各种状态量进行编码,转化为数字量
I/O输出板	将已经编码的数字量,转化为各种电压或电流输出,用于控制外部设备的状态

6.3.5.7 控制系统软件

工业控制软件系统主要包括系统软件、应用软件和应用软件开发环境等三大部分。其中系统软件是其他两者的基础核心,直接影响系统软件设计和开发质量。应用软件主要根据用户的需求进行订制化开发,具有专用性。

娱乐仿真系统中的控制软件是整个系统运行的灵魂,早先常用的控制软件运行环境有汇编语言、Basic、FORTRAN、C++等。

6.4 典型产品案例

6.4.1 仿真太空船

仿真太空船由北京仿真中心研制生产,1994 年研制成功,参加 1994 年深圳航空航天博览会,1995 年开始小批量生产销售,1996 年参加首届珠海航展、香港工业博览会等重大展会(图 6-6、图 6-7)。产品销往国内十多个城市,并远销港澳台地区。

图 6-6 1996 年 11 月,仿真太空船参加首届珠海国际航空航天博览会主要研发团队在展览现场合影

图 6-7 1996 年 11 月仿真太空船参加首届珠海国际航空航天博览会中国航天科技集团王礼恒总经理亲自体验仿真太空船

主要配置:液压系统动力,三自由度铰链结构运动平台,LD 或 VCD 播放系统,CRT 三枪式投影机,前投式屏幕,铝质蒙皮结构的座舱,STD 总线的工业控制计算机。舱内设有 15 个座位。

6.4.2 时空穿梭机

时空穿梭机由北京仿真中心研制,北京太空梭娱乐有限公司总经销,北京长峰北仿科技有限公司负责产品的生产与技术服务。产品于 1997 年 5 月研制成功,并投入使用,该型号产品先后生产 50 余台套,产品遍布全国近 50 个大中城市的主要大型游乐园场所(图 6-8、图 6-9)。

图 6-8 1997 年 5 月,"挑战者号"时空穿梭机在北京动物园的"处女秀"

图 6-9 1998 年,"挑战者号"时空穿梭机参加广交会成为当年会展上的一个热点

主要配置:液压系统动力,三自由度交叉连杆结构运动平台,LD 或 DVD 播放系统,CRT 三枪式或 LCD 投影机,透射式背投屏幕,两侧翼展式舱门,液压驱动玻璃钢座舱,PCI 总线工业控制计算机。舱内设有 12 个座位。

6.4.3 摩幻飞舟

摩幻飞舟由北京仿真中心研制,北京太空梭娱乐有限公司总经销,北京长峰北仿科技有限公司负责产品的生产与技术服务。产品于 1999 年研制成功,并投入使用,该型号产品先后生产 20 余台套。产品销往北京、上海、广州、武汉等城市(图 6-10)。

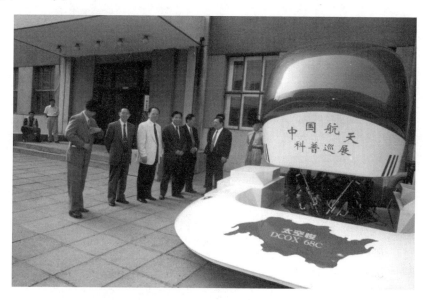

图 6-10 国家航天局局长、中国航天科工集团总经理
参加科普巡回展启动仪式,为展览团队送行

主要配置:液压系统动力,六自由度运动平台,LD 或 DVD 播放系统,大屏幕平板显示器,两侧翼展式舱门,液压驱动玻璃钢座舱,总线工业控制计算机。舱内设有 8 个座位。

6.4.4 车载移动式设备

车载移动式设备采用标准的半挂平板车底盘,经过改装和装饰,将成套的固定式仿真游乐设备安装在底盘上,形成一个完整的整体。主要设备包括运动平台与座舱、液压动力系统、操作控制室,根据需要还可以配置发电机组,以适应移动过程中的临时供电需要。系统运输到运行场地后,牵引车撤离,系统展开后,通过辅助机械结构加固,接上市电或者启动发电机,设备就可以开始运行了。图 6 - 11 是三自由度车载移动式设备。

图 6 - 11　丁衡高、聂力接见科普巡回展参展人员
在车载式"时空穿梭机"前与参展人员合影留念

根据设备配置情况,可以选择不同尺寸的平板车,不同的运动平台和动力系统。车载移动式产品通常采用三自由度运动平台或六自由度运动平台。

6.4.5　平台式动感仿真设备

平台式动感仿真设备由北京仿真中心研制生产,1998 年首台产品出厂,设备先后安装在北京电影研究所、北京怀柔水库会议中心(图 6 - 12)、延庆官厅水库影视基地等十多个娱乐场所。该产品运动平台可以选择三自由度和六自由度底座,每个平台可以配设 20~30 个座椅,并配设自动或半自动的登机梯。节目运行可以采用电影或者 LD、DVD 等投影方式。平台式产品的应用,大多是根据用户现场具体情况,进行定制化设计与施工。

图 6-12　坐落在怀柔水库风景区内的平台式动感仿真产品

6.4.6　"神舟号"飞船模拟器

"神舟号"飞船模拟器,通过对飞船绕地球轨道飞行过程模拟,从视觉上、听觉上和体感上全面模拟宇航员在飞船发射前准备、发射升空、地球轨道飞行和返回着陆的整个飞行过程,给体验者提供一个逼真的飞行仿真环境,让乘客更加直观地了解绕地球飞行的航天技术与知识。安装在北京科技馆的"神舟号"飞船模拟器如图 6-13 所示。

图 6-13　安装在北京科技馆的"神舟号"飞船模拟器

6.4.7　明斯克航空母舰科普基地

在明斯克航空母舰的主题结构上,按照原装备的配置外形,修复各类导弹武器、鱼雷、雷达、驾驶舱内显示设备等,并在航空母舰甲板下的活动空间,装备6台时空穿梭机动感仿真游乐设备,将航空母舰的科普知识与动感仿真娱乐完美结合,成为深圳盐田地区一处著名的旅游景点(图6-14)。"将一艘被完全损坏的航空母舰改造成一个主题公园,青少年国防教育基地。北京仿真中心负责恢复包括雷达在内的各种武器(仅外型)逼真度很好。"原明斯克航空母舰的舰长看后热泪盈眶,赞美"这么像"。

图6-14　北京仿真中心主任在明斯克航空母舰科普基地现场检查工作,背景是根据原始资料刚刚修复一新的舰载导弹发射架

6.4.8　VR动感展示器

VR仿真游乐设备大都是单座或双座的小平台,设备体积小,结构紧凑,载荷轻,便于移动和安装。很多VR仿真游乐设备带有操作手柄,提供交互式娱乐的体验模式。这种小平台通常采用电动执行机构或气动执行机构,动力需求相对较小,运行比较环保。安装在上海规划馆的VR展示设备,是国内最早开始使用的VR展示系统(图6-15)。

图 6-15 安装在上海规划馆的 VR 展示设备，
是国内最早开始使用的 VR 展示系统

6.5 发展展望

仿真技术是一门综合性应用技术，相关领域的技术发展与突破，将会直接推动仿真技术的应用和发展。计算机技术、显示技术、移动通信技术、网络技术以及动力技术的发展，为娱乐仿真领域的技术应用和产品研发，提供了更加广阔的发展空间。

仿真娱乐设备中，集成了影视技术、声效技术、动感仿真技术、多维环境仿真技术、运行控制技术等多方面的技术和产品。近年来，这些领域的技术已经有了巨大的发展和长足的进步。

在投影显示技术方面，有机发光二极管（Organic Light – Emitting Diode，OLED）又称为有机电激光显示、有机发光半导体，具有自发光、广视角、几乎无穷高的对比度、较低耗电、极高反应速度等优点已开始运用于手机、数码摄像机、DVD 机、个人数字助理（PDA）、笔记本电脑、汽车音响和电视。这项技术有可能在将来使得高度可携带、折叠的显示技术变为可能。显示技术的发展，将使 VR/AR 技术的体验感和沉浸感得到新的提升。

在动感仿真执行机构方面，主要是直线电机的推广应用。随着直线电机技术的发展与日趋成熟，电动执行机构的应用越来越多，因为其具有占空小、环保、无污染、低噪声的特点，在未来的仿真娱乐设备中，将逐步替代液压执行机构，成为未来应用的主流动力技术方案。在动感仿真平台中采用直线电机,可以使运动平台的结构大大简化,而且避免液压系统的油源造成污染,降低液压系统运行过程中的噪声,使娱乐环境的声音效果更加完美。

在图形处理方面,当属图形处理器(Graphics Processing Unit,GPU),又称显示核心、视觉处理器、显示芯片,是一种专门在个人电脑、工作站、游戏机和一些移动设备(如平板电脑、智能手机等)上进行图像运算工作的微处理器。GPU的出现和广泛应用,使计算机实时图像处理能力大大提高,特别是交互式仿真娱乐环境中,对于改善图像的实时性计算、提高图像动态质量,以及电脑动画制作等方面,都将带来巨大的能力提升。

互联网技术的深度发展和广泛应用,使娱乐仿真设备和系统也发生了明显的变化。首先是设备的运行管理云端化,客户现场的设备端只需要有运行环境,所有的数据和节目信息都可以存储在厂家云端,根据需要向客户端提供运行授权和运行服务;其次设备的维修保养服务更加便捷,厂家不需要到现场就可以对设备状态进行远程监测诊断和维修服务指导,从而进一步提高了产品的可用性和适用性;再次是设备软件升级,通过互联网直接进行,避免大量不必要的现场服务消耗;另外互联网技术的发展,还给娱乐设备的节目内容增添了新的模式,不同地方的设备现场可以相互形成娱乐互动,使仿真的效果更具娱乐性。

虚拟现实(Virtual Reality,VR)技术是一种可以创建和体验虚拟世界的计算机仿真系统。它利用计算机生成一种模拟环境,通过多源信息融合的、交互式的三维动态视景和实体行为的系统仿真,使用户沉浸到该环境中。虚拟现实技术是仿真技术的一个重要方向,是仿真技术与计算机图形学、人机接口技术、多媒体技术、传感技术、网络技术等多种技术的集合,是一门富有挑战性的交叉技术前沿学科和研究领域。应用虚拟现实技术,将三维地面模型、正射影像和城市街道、建筑物及市政设施的三维立体模型融合在一起,未来将会大大改变我们真实世界的生活方式。

增强现实(Augmented Reality,AR)技术是一种将真实世界信息和虚拟世界信息"无缝"集成的新技术,是把原本在现实世界的一定时间空间范围内很难体验到的实体信息(视觉信息、声音、味道、触觉等),通过电脑等科学技术,模拟仿真后再叠加,将虚拟的信息应用到真实世界,使真实的环境和虚拟的物体实时地叠加到了同一个画面或空间,被人类感官所感知,从而达到超越现实的感官体验。增强现实技术,不仅展现了真实世界的信息,而且将虚拟的信息同时显示出来,实现两种信息相互补充、叠加增强。在娱乐、游戏领域,增强现实游戏还可以让位于全球不同地点的玩家,共同进入一个真实的自然场景,以虚拟替身的形式,进行网络对战。

信息物理系统(Cyber Physical System,CPS)是集地理信息系统技术、数字制图技术、多媒体技术和虚拟现实技术等多项现代技术为一体的综合技术。它是一种以可视化的数字地图为背景,用文本、照片、图表、声音、动画、视频等多媒体为表现手段展示城市、企业、旅游景点等区域综合面貌的现代信息技术。它可以存储于计算机外存,以只读光盘、网络等形式传播,以桌面计算机或触摸屏计算机等形式提供给大众使用。随着数字地球的建设与完善,与现实世界并行的另一个虚拟空间也将逐步形成和完善,人们通过 VR 技术、AR 技术的综合运用,使人类的物理空间与数字虚拟空间协同互动,必将给人类社会生活提供更多更丰富的选择。

近年来,混合现实(Mixed Reality,MR)、数字孪生(Digital Twin,DT)、元宇宙(Metaverse)、数字人工智能(Artificial Intelligence)、chat GPT 等新概念新技术层出不穷,这必将为仿真技术在娱乐领域的应用,增添无穷的活力和更广阔的想象空间。

参考文献

[1] 蒋鄝平. 航空航天部北京仿真中心[J]. 中国航天,1991(162):3.
[2] 蒋鄝平,谢道奎. 仿真与国民经济[R]. 海峡两岸航空航天仿真技术交流会,1997.
[3] 南水北调工程仿真系统研制工作总结[R]. 北京仿真中心,2001.
[4] 李厉. 中国仿真技术跻身世界先进行列[J]. 瞭望周刊海外版,1993(3):4.
[5] 赖纯洁. 引黄入晋输水工程全系统运行仿真系统[J]. 系统仿真学报,1999,11(3):176-180.
[6] 何秋茹. 引黄工程运行控制系统仿真[J]. 系统仿真学报,2001,13(1):56-59.
[7] 成都市中心城区水环境管理及决策支持仿真服务系统总体方案设计[Z]. 中国航天科工集团成都市环境保护科学研究所,2003.
[8] 刘玉明,杨方庭. 山西省万家寨引黄入晋工程三维视景仿真系统实现[C]. 北京仿真中心成立20周年纪念文集,2013.
[9] 杨方庭,赖纯洁. 南水北调工程仿真系统[C]. 北京仿真中心成立20周年纪念文集,2013.
[10] 陈定昌,徐乃明,蒋鄝平. 仿真明珠——纪念北京仿真中心成立20周年[C]. 北京仿真中心成立20周年纪念文集,2011.
[11] 郭会明,等. 地空导弹训练仿真系统的设计与实现[J]. 系统仿真学报,2003(1):69-87.
[12] 郭会明. 动感仿真的建模与实现方法研究[D]. 中国系统仿真年会,2001.